Environmental policy

環境政策の変貌

地球環境の変化と
持続可能な開発目標

勝田 悟［著］
Katsuda Satoru

中央経済社

はじめに

環境問題は，地域環境から地球環境へと規模が拡大している。また，エネルギー資源・鉱物資源問題，近代農業の弊害などとの関わりが顕在化してきており，産業活動，および経済活動に大きな影響を持つ金融分野にまで影響を及ぼすようになってきた。

地域の人の活動が，地球レベルの環境問題となってしまっている。しかし，世界各国でこの問題への理解，取り組みは温度差があり，解決策を協力して進める段階には至っていない。さまざまな情報が膨大に飛び交っており，信頼できる知見が明確に示せない場合も多い。

資源政策，農業政策，経済政策はそれぞれに目的を持っており，環境政策と一致するとは限らない。資源，農作物が安定供給され，GDP（Gross Domestic Product）が単純に向上しても，環境政策の目的は果たせない。環境リスクは条件を変え，拡大してしまうおそれがある。

これからはリスクコミュニケーションを向上させ，リスクに対して知る権利に基づき現状を理解し，自ら進んでリスクに対して知る義務を果たすべきである。自分にふりかかるリスクは自分で知り，その回避方法，または対処方法を習得するべきである。

このためには，環境政策として，情報公開，説明責任を明確にして，法令をはじめ社会システムを整備していかなければならない。ただし，情報を得られる権利があっても，何もしなければ，知らぬ間に公害被害を受けてしまったときと何ら変わりはない。

少しずつではあるが「環境」分野に関する捉え方は変化している。環境政策は，人類の持続可能な開発を目的として，SDGs（Sustainable Development Goals：持続可能な開発のための目標）で整理され，具体的な目標が示されている。

さらに，企業では，ガバナンス，社会福祉とも関連づけた取り組みが活発化してきており，持続可能な経営の重要な方針としての位置づけが定着しつつある。

これまで，環境政策のもとで，企業においては環境コストによる経営の損失，規制ビジネス，環境ビジネスを経営上の項目として取り上げてきたが，環境戦略は経営戦略の一部となりつつある。

これまで環境問題を単なる環境コストとして捉え，このコストの削減のみしか評価してこなかった金融業界でも，省エネルギー，メンテナンス，処理処分（リサイクル，リユース），省資源，長寿命性，再生，有害物質・地球環境破壊物質の排出抑制の合理的な取り組みが事業評価の１つとなってきている。

商品に有害物質が入っているだけで価値を下げるどころか，購入・調達条件から外れしまうようになった。これは事業者も一般公衆も同じである。環境性能は一般的商品性能の１つになりつつある。

ただし，現在移行期であり，いまだに消費の拡大で利益を上げようとする企業は多い。いずれ，社会の潮流から外れていくだろう。知らぬ間に企業間で格差がついている。

本書では，複数の学術分野に関わる環境学が，さまざまな政策と関連し合っていることを考慮し，今後のあり方を議論した。読者が何らかの視点で，環境政策の何らかの事柄に興味を持っていただけると幸いである。

また，本書は既刊『環境政策の変遷』と対をなしている。

本書『環境政策の変貌』では，環境の急激な変化を経済活動の重要な問題と位置づけ，人の活動を自然循環に近づけるようになった環境政策の「変貌」について論じており，『環境政策の変遷』では，環境問題発生の対策として再発防止を主眼とした環境政策の「変遷」について述べている。

環境政策を異なった視点から解説しているので，本書と合わせて『環境政策の変遷』もお読みいただければ幸いである。

最後に，本書の出版にあたって，株式会社中央経済社 学術書編集部編集長 杉原茂樹氏に大変お世話になった。心からお礼を申し上げたい。

2020年２月

勝田 悟

目　　次

はじめに

第I部　資源循環――廃棄物と資源

I．1　減量化 …… 2

(1)　再生利用・2

①　資源利用の延命化・2

②　リデュース・3

(2)　リユース・5

①　「モノ」の延命化に伴うサービス量の増加・5

②　シェアリング・エコノミー・6

(3)　長寿命性・7

①　腐食しやすい金属・7

②　腐食対策――長寿命性（資源・廃棄物の減量化）・8

③　新しい技術――ナノテクノロジー・10

(4)　リサイクル・12

①　リサイクルの概念・12

②　マテリアルリサイクル・13

③　ケミカルリサイクル・14

④　サーマルリサイクル・14

(5)　鉱物資源・16

①　リサイクル処理・16

②　マテリアルリサイクル事例・17

I．2　資源と環境政策 …… 19

(1)　エネルギー資源・19

①　資源問題と環境問題・19

②　エネルギー資源の貯蔵・20

③　電気の貯蔵・21

(2)　人為的資源循環・22

①　自然循環との相違点・22

② 廃棄物の処理・23
③ 廃棄物からエネルギー資源へ転換・25
④ 廃棄物を資源にする条件・26
(3) 資源利用・28
① 副産物・28
② 環境評価・29
③ 家電からの資源回収・32
(4) 循環経済の促進及び廃棄物の環境保全上の適正処理・32
① リサイクルビジネス・32
② 循環経済廃棄物法・33
(5) 国際的な取り組みへ・34
① 開発と環境破壊・34
② 日本から台湾，そして中国へ・35
③ 国際的な秩序・36
I．3 ライフサイクル・アセスメント 38
(1) 汚染履歴・38
① 基本情報・38
② LCA手法・39
(2) LCAに基づく政策・40
①人類の総活動量の増加・40
②人口と環境負荷・42
(3) 廃棄物処理の転換・43
① 資源から得られるサービスの最大化・43
② ナイーブな人工的物質循環・44

第Ⅱ部 地球環境変化と適応

Ⅱ．1 人為的な地球環境の変化抑制 48
(1) 自然の変化（超長期的）と人為的変化（超短期的）・48
① 自然の法則・48
② 宇宙船地球号・49
(2) 国際会議・50
① かけがえのない地球・50

② 持続可能な開発・51
③ 中長期的視点・52
Ⅱ．2　地球温暖化 …… 54
(1) 環境リスク・54
① 氷河時代の中にある現在・54
② 地球温暖化の研究・54
③ 原因物質・55
④ 慢性的影響へのリスク認識・56
(2) 「気候変動に関する国際連合枠組み条約」の規制・58
① 京都議定書・58
② 目に見える被害・59
③ 地球温暖化と産業界・60
④ 国際的対処・62
⑤ 国内の対処・63
⑥ パリ協定・64
Ⅱ．3　エネルギー政策 …… 65
(1) エネルギー資源の供給・65
① 有機燃料・65
② 化石燃料の供給源・65
③ 非化石燃料・67
(2) 消費と環境対策・68
① 資源枯渇と代替・68
② 新エネルギー・69
③ 研究開発・71
④ 再生可能エネルギーによる発電市場の経済的誘導・74
Ⅱ．4　環境変化への適応 …… 75
(1) 気候変動・75
① 影響と評価・75
② 気候変動・77
(2) 生態系の危機・78
① 生物の多様性・78
② 変化する生態系への対処・79
(3) 海洋汚染・80

① 漂流ゴミ・80
② プラスチックゴミ・81
③ 海洋プラスチック憲章・83

第Ⅲ部 SDGsとESG

Ⅲ．1 政策の多様化 88
(1) 無秩序と法則・88
(2) 曖昧な価値――チューリップバブル・89
① 自然と投機・89
② 本来の自然の価値・91
③ 経済政策と持続可能な開発・92
(3) ソフトロー・93
① 緩やかな規制・93
② グリーン設計・95
③ 資源生産性・98
④ 環境白書・99
(4) SDGs・99
① 具体的目標・99
② 環境効率・101
Ⅲ．2 評価による誘導 105
(1) ESG経営・105
① SRI・105
② 説明責任・106
③ 情報の整備と整理・107
(2) 環境商品・109
① 環境性能・109
② 環境ラベルと情報表示・113
③ 省エネルギー・115
Ⅲ．3 グリーンファイナンス 118
(1) 金融の転換期・118
① 貸し手責任・118
② G20サミット・119

(2) グリーンボンド・120
① 環境プロジェクトの資金調達・120
② 気候関連財務情報開示・121
Ⅲ．４　社会の変革 …… 123
(1) 人為的活動の修正・123
① 環境意識とインセンティブ・123
② 環境被害の対策とリスク対処・125
③ 自然科学的証明と社会的判断・128
④ 一般公衆の社会的責任・131
⑤ 企業評価・135
(2) 労働環境・139
① 有害物質の取り扱い・139
② 放射性物質による汚染・143
③ 生物工学・145
④ 国際規格・146

資料　環境保全に関する主要な変遷・153
参考文献・160
おわりに・163
索引・167

第Ⅰ部

資源循環——廃棄物と資源

概要

「モノ」から得られる「サービス」量は，使い方，リユース，リサイクルで大きく変化する。単位価格当たりでも「サービス」量が大きく変化する。しかし，安価で使い捨てなどの商品の普及で，大量の資源が必要となっている。この大量生産，大量消費は，資源枯渇，廃棄問題を深刻にさせた。

第Ⅰ部では，この対策として廃棄物および資源の減量化をどのようにすればよいか検討する。

Keyword

省資源，省エネルギー，減量化，リユース，リサイクル，レンタサイクル，ファイナンスリース，シェアリング・エコノミー，廃棄物の処理及び清掃に関する法律，PFI，循環経済廃棄物法，LCM

Ⅰ.1　減量化

(1)　再生利用

①　資源利用の延命化

人の経済活動で資源を廃棄物に変化させており，資源を使い尽くすまでこの活動が続く。世界各国はGDPの増大を幸福の追求の目標にしているため，生産の増加は果てしなく進められている。

例えば漁猟では，すでにマグロ，ウニなど価値が高い種は絶滅に瀕しているが，数が少なくなるとさらに値段が高くなるため，最後の１匹になるまで世界中の海でとり続けられるだろう。いなくなると次の魚が同じように絶滅していく。しかし，魚は生物なので，人工的に生命を管理し生育する養殖技術が次々と開発されている。需要を満たすために供給サイドでのビジネスモデルが変化し，GDPはさらに増加する。高級食材のフォアグラやフカヒレなどで，生物虐待に相当するような人工的飼育が行われているが，需要（人の欲求）は高まっていく。

対して，養殖が不可能な鉱物資源や化石燃料は，地球に存在する化学物質を採掘・消費し，商品化の後，廃商品となった時点で廃棄物へ変換されていく。このスピードは上昇するほど景気が良くなり，資源は急激に減少し，廃棄物は増加していく。この状況は資源が枯渇した時点で停止し，モノとサービスであふれる，多くの人が望む豊かさは終焉を迎える。地球は有限であり，人の欲求は無限である。

この破滅へのスピードを遅らせるために考え出された手法が，資源または廃棄物の減少を目的としたリユース，リサイクルである。多機能化や小型化など，設計段階で資源の使用量を減少，長寿命化，省エネルギー化などを行い，単位資源量に対するサービス量を増加させ，モノを直接減量化する活動も進められている。これら環境活動は，GDPを減少させるため，付加価値をつけなければ従来の経済活動は見かけ上は縮小する。しかし，枯渇する資源は，すべてが廃棄物になるまでに生産される量は限られている。GDPを生み出す量にも限界がある。したがって，リサイクルなど資源循環は，現在の生活（消費）を維持する時間を延命化していることとなる。ただし資源循環を図り，短期的に価値を見いだすのは難しい。

② リデュース

単純に考えれば，資源を消費すればGDPは増加する。廃棄物に多くの資金が投入されることで，さらにGDPは増加する。短期的な視点で経済政策あるいは経営戦略を行う場合，長期的に考えないで行動するほうが多くの人の理解を得やすい。長期的といっても数十年程度のことであるが，人間の寿命と比較すると非常に遠い先の話となる。イースター島の住民や米国のアナサジ族は，非常にゆっくりとした自然の変化（自然破壊）を放置したため，突然文明が消滅している（『環境政策の変遷』第Ⅱ部参照）。

人は，自分の身に短期的に利害が生じない環境リスク（または生活維持が不可能になるリスク）が高まっていることに注目することはあまりない。または，見ようとしない。あるいは，権限を持った者が考えようとしない。組織崩壊が迫っていても，現状を維持する幻想を持った（または理解しない）管理者は，最悪な事態を招くこととなる。

資源枯渇・廃棄物問題への対処で，最も基本的な事項は「減量化」である。なお，この手段は，資源消費と廃棄物再生の両側から検討することができ，どちらからのアクセスでも双方の減量化を図ることができる（表Ⅰ－１参照）。

なお，減量化は，資源の安定供給に貢献する。ただし，短期的視点で短絡的に考えるとGDPは減少し，一時的に経済成長の妨げになる。資源利用の

表 I-1　減量化の手段

①　資源の減量化
　環境設計：省資源・省エネコンセプトの導入，研究・技術開発，微小操作技術
　　　　　　無駄の削除
　長寿命性，リユース
　水平リサイクル（直接減量化），カスケードリサイクル（間接的減量化）
　消費の効率化・サービス量の増加（共有，レンタル・リース）

②　再生による廃棄物の減量化
　環境設計：リサイクル性能向上（研究・技術開発）
　　　　　　カスケードリサイクル，水平リサイクル
　リサイクルの促進：社会システム構築
　　　　　　　　　（マテリアルリサイクル，サーマルリサイクル，ケミカルリサイクル）

高率化，リユース，リサイクルは，資源または廃棄物の減量化が目的である。人類は，経済成長を目的に，無理に多くの資源を消費した結果，多くの無駄を生み出し，経済バブルとその崩壊を繰り返すムラによってさらに無意味な無駄を大量に発生させてきている。持続可能性とは全く逆の行為を続けている。多くの「モノ」と「サービス」の量を得ることが豊かさの目的となっていることから，リユース量，リサイクル量を増加させることを環境活動としている場合があるが，かえってエネルギー交換物などのモノを増加させる。廃棄物を減量化することが本来の目的であり，本末転倒の行為である。

リサイクル性能を高めるために長寿命性が失われたり，リサイクルを謳っていても製品のスペックを少しずつ変えることで実際には買い換えを促したり，製品の一部の故障で買い換えが必要となったり，または一部の交換で性能が向上する場合でも構造上できなかったりと，新たな製品購入を余儀なくされるケースがある。また，便利さを追求した使い捨て，あるいは短寿命な製品が大量に消費されているのも現実である。別の環境問題であるが，使い捨てプラスチック製品（マイクロプラスチックなど）の海洋汚染が国際的問題にもなっている。

対して，音楽や映画などは，コンテンツが入ったコンパクトディスク

(compact disc) のケースなどは，著作物のみが欲しい人にとっては不必要であり，通信を利用したダウンロードで資源・廃棄物の減量化を図ることができる。すでにお金は通信を利用したデジタルデータのフローがほとんどで，バーチャルマネーが主流となっている。

(2) リユース

① 「モノ」の延命化に伴うサービス量の増加

人の生活を自然の循環に近づければ近づけるほど，廃棄物は減少する。現在使用している人工的な「モノ」をなるべく長く使えば，必要とされる資源および廃棄物は減少する。(社会で必要とされるサービス量が変化しない場合,) 単位量当たりのサービス量が増加するため，採掘資源量が減り，残存量（または採掘可能期間）は増加することとなる。この見かけ上の資源の増加率は次の式となる。

[(通常使用する期間＋長期化した期間) ／通常使用した期間] ×100
＝資源残存量の増加率（%）

資源消費が減少すれば廃棄物量も（同じ処理処分方法であれば）減少する。廃棄物の減少率は，使用していた「モノ」の期間でみれば，下記の式で表される。

[１－通常使用した期間／(通常使用する期間＋長期化した期間)] ×100
＝廃棄物発生量の減少率（%）

したがって，人工的に作られた「モノ」いわゆる商品を丁寧に使い，使用期間を２倍にすると，２年間における資源必要量を半分にでき，見かけ上資源を倍にすることができる。また，廃棄物は半分に減らすことができることとなる。環境政策上（エコリュックサック，移動・生産における環境負荷，廃棄物減量が減少する）および資源政策上（資源の安定供給），どちらも目標を満たすこととなる。省エネルギーにおける燃料効率の向上（燃費の向上）は非常に改善されており，身近な例として確認できる。

他方，古代の人は，貝塚に捨てた道具などの復活を願っていたこともあり，分解されずにそのままの姿でいることを特に問題と捉えず，廃棄物といった考え方もなかったと思われる。人間中心主義の考え（地動説的考え方）に基づき，自然が無限にあり，道具を作るための資源（および自然から得られる食料など）も無限にあると考えていたと思われる。このことがさまざまな文明の破綻につながっていった。しかし，中には自然を神と思い，自然の変化を極力防いだ生態系中心主義の人々もおり，狩猟や漁猟などでは必要な量以上は採取しないことを掟としていた。人間も自然の一部であることを理解し，無駄な殺生は行わなかった。スポーツとして，鳥類，動物，魚を殺したり，狩ったりすることはなかった。

近代は人間中心主義が主流となって経済により高率化が図られ，鉱物，野生生物など自然資本がつぎつぎと採取され，廃棄物へと変化されている。また，使えきれないほどの「モノ」と「サービス」を得るものも多く，個人の格差も大きい。他方，リユースの方法も多様化しており，液体シャンプーなど中身のみを詰め替えられる容器なども普及している。他の商品にもこの考え方が普及していくことが望まれる。

資源供給の面から見れば，比較的近い将来に枯渇する資源を延命化するため，環境負荷量を減少する面からは，廃棄物発生量を減量化するために，「効率的なサービス」の時代へ変革する必要がある。モノを使い切る（または効率的に使う），サービスは無駄にしないことが重要である。リユース（中古品の利用）は，生活の中で身近にできる環境保全活動である。ユーズド商品（リサイクルショップ）など，従来より市場が存在する。

②　シェアリング・エコノミー

商品のサービス量を増加させる別の方法として，シェアリング・エコノミー（sharing economy）があげられる。このビジネスには，必要とされる

図Ⅰ-1　**観光地でのレンタサイクル（金沢市街）**

自転車の利用により，化石燃料消費の削減，健康増進など効果が期待されている。城下町のような狭い道が多く，自動車用駐車場が少ないところで利便性がある。コンパクトシティにおける利用も計画される場合が多い。

モノをインターネットで効率的に探し出す方法がとられる場合が多く，「個人所有の住居の空き部屋などの貸し出し」，「自家用車を利用した配車サービス」，「広域でのレンタサイクル（バイクシェア）」などがある。CSV（Creating Shared Value：共有価値の創造）としても成功例といえる。日本政府もシェアリング・エコノミーに注目しており，空間（駐車場，会議室），スキル（家事代行，介護など），クラウドファンディング，カーシェアなどの領域への拡大を期待している。

リースやレンタルは，従来より大きな市場を持つビジネスとなっており，ファイナンスリースのように融資の一部としても捉えることができる。航空機や営業車など，すでにリースによりサービスを無駄なく利用することが行われている。リユースは，サービスを提供する時間を延ばす手法であり，「モノ」を効率的に（休ませることなく）利用することでサービス量が増加し，資源・廃棄物の減量化になり，同様の効果が生み出せる。

(3)　長寿命性

①　腐食しやすい金属

地球上にある鉄は，約35億年前に藍藻類による光合成で発生した酸素で酸化され腐食している。オーストラリアのエアーズロックが赤いのは，この酸化によって酸化第二鉄（Fe_2O_3）となったためである。

人類は，青銅器より性能がよい道具材料として鉄器を使い始めてから，人類の技術開発の幅が一段と広がっていく。鉄は，銅と比較して融点が高く，精錬（溶解）が困難であるため，世界では銅器のほうが先に普及した。しかし鉄は現在では，構造物に使用されている鉄筋，運搬の主要手段である自動車・船・飛行機，工業設備・機器など，見渡す限り至るところに利用されている。製鉄は，人類の繁栄に最も貢献した古くからある技術といえる。

人類が鉄を初めて使用したのは，紀元前5000年から前3000年頃のメソポタミア，エジプト，イランなどで，ニッケル，ニッケルりん化物を含む鉄隕石（隕石の一種）が利用されたと考えられている。鉄の精錬を最初に行ったのはヒッタイト王国（Hittite：前1900年頃から前1200年頃：現在のトルコ，シリア北部）とされている。ヒッタイトは，すでに冶金（金属の精錬，合金技術）の技術を持っていた民族とされており，鉄，銅，銀，鉛などの鉱物資源を利用していた。農業（小麦の栽培，牛・羊を家畜として飼育）に依存した生活を行い，また前14世紀後半には隣国のエジプト（ラムセスⅡ世王）と戦っている（前15世紀～前14世紀に最も栄えたとされている）。しかし，前1200年ごろの異民族の侵入などにより王国が崩壊し，その後ヒッタイトが持っていた高度な製鉄技術が世界各地へと広まった。

わが国で鉄が使用されたのは縄文時代末（前５世紀後半）で，大陸から北九州に伝わってきたとされている。その後，前１世紀（弥生時代：前400年から紀元後250年）に製鉄が行われ，中国地方，近畿地方に広がっていったと考えられている。古墳からは３世紀頃から鉄製の武器，５世紀から農機具などが出土しており（古墳時代：250年頃から650年頃），普及が進んでいる。世界の動向とは異なり，わが国では銅製造技術より鉄製造技術のほうが活発に行われていたとされている。なお，鉄の原料には砂鉄が使われ，河川で比重での選鉱を行っていたことから，水質汚濁が発生していたと考えられる。

②　腐食対策――長寿命性（資源・廃棄物の減量化）

材料としての鉄は，酸化（さびが発生）すると内部まで腐食が進み，著しく強度が低下する。考古学で鉄器に関する情報が少ないのは，自然環境中では酸化して崩れてしまうためである。わが国企業の中には，鉄は一般環境に捨てられても腐食し原形をとどめなくなることから，廃棄物対策として一時鉄製の缶製品を使用することを進めたところもあった。

しかし，鉄は耐久性が求められる材料として使用されることが多いため，鉄材料の表面を塗装して空気との接触を防止し，鉄筋コンクリートのようにアルカリ性の強い状態にして酸化されにくい状況にするなど，さまざまに長寿命性技術の開発が行われている。また，鉄にクロムやニッケル，モリブデンなどを添加した合金は，ステンレス鋼（stainless steel）といわれ耐食性が高く防錆性があり，材料の原子レベルの開発で長寿命性が作り出されている。長寿命性がある材料として使用されるアルミニウムは，表面に酸化物の不導体を作ることで酸などからの腐食を防止している。

鉄はまた，機械的性質，加工性，溶接性などにも優れていることから，家庭用，化学装置用などさまざまな耐蝕材料として使用される。また，インドで４世紀に建てられたアショカ・ピラー（アショカ王の柱）という鉄塔には，さびない鉄が使用されている。当時の技術では酸化しない鉄の製造は不可能とされていたが，現実に存在している（図Ⅰ－２参照）。その鉄塔は，デリーのオールドデリーにあるクトゥブミナールという寺院境内に設置されている。

不純物を含まない鉄は，原子の結合の状態から考え酸化しにくく，さびにくいことが知られているが，アショカ・ピラーの鉄は99.7％とあまり高くない純度で，一般環境中で長年放置されると必ず酸化する。長寿命性を持った理由は，鉄塔の表面にリンと鉄の化合物が形成されていて，防錆効果が生じたためである。インドで産出される鉄鉱石にはリンが比較的多く含まれており，製鉄時に化合物を形成し，酸化されにくい原子構造となったと考えられる。わが国でも，670年に法隆寺の建築で使用された釘がさびないことが知られているが，これも原子レベルでの表面処理でさびにくくしている技術例である。鉄は700℃程度に加熱し冷却することで，原子構造の不均一を最小限に変化させることができる。この処理によって鉄表面に酸素が進入するこ

図 I-2　長寿命性の鉄　アショカ・ピラー（インド・オールドデリー）

アショカ・ピラーは，錆びない鉄として長寿命性をもった鉄塔である（4世紀）。わが国古来の製鉄技術である「たたら」（日本刀の鍛造：木炭で燃焼させ，その後は還元材としても使用）の語源は，インドの地方の言葉で熱を意味する「タータラ」に由来するとする説がある。

とが防止できる。鉄の強度を保って長寿命性を持つことにより，廃棄物の減量化および省エネルギー（製錬などの減少）も図れる。リユースと同様に廃棄されるまでのサービス量が増加する。

他方，鉄の代替として全く新しい材料が開発されている。例えば，炭素原子を利用したナノテクノロジーであるカーボンナノチューブ（carbon nanotube）があげられる。カーボンナノチューブは，強度が鉄よりもはるかに高く，軽いといった力学的特性を持つ。自動車や飛行機などの移動体やビルディングなどの構造物への利用が期待されている。自動車など移動体は車体が軽くなると考えられ，燃費がかなり向上する。構造物の寿命も非常に長くなることから，省資源化，廃棄物減量化も飛躍的に向上するだろう。さらに，形状を変化させることで高い電導性を持ち，半導体の性質も示すなど優れた電気的特性をも持つため，既存材料を代替する可能性もある。新技術・材料の開発は，環境保全，資源の利用にとって大きなブレークスルーとなる可能性がある。

③　新しい技術――ナノテクノロジー

ナノとは10億分の1を表す。原子が1ナノメートル（nm）前後であることから，原子レベルで材料を操作する技術はナノテクノロジーと名付けられている。金属の構造は，電子顕微鏡やX線回折分析装置（結晶質のもの）などで分析される。カーボンナノチューブの構造は，炭素原子が六角格子状（六員環の格子）に配置・結合し，直径数ナノメートルの円筒形の形状をしている。この円筒の片方が広がって角形となったものは，カーボンナノホーン（Carbon Nanohorn）といわれ，同様に開発が行われている。

フラーレン（fullerene）といわれる炭素で構成される物質も開発されている。炭，ダイヤモンド，グラファイトの同素体で，形状は60個または70個あるいは82個の炭素原子がサッカーボール状に結合したものである。管状フラーレンの中に金属原子を入れると金属芯に被覆をしたような構造となり，絶縁体の電線となる。また，カリウム（K）など物質を入れると低温超伝導現象を示す。タリウム（Tl）とルビジウムイオン（Rb ion）を取り込んだフラーレンは－228°Cで超伝導の性質となる。

これら材料は炭素を用いて非常に精密な制御技術で作られており，単純な化学物質構成であるため，資源調達面，廃棄物のリサイクルなど処理・処分が合理的に行えると考えられる。遺伝子は約10ナノメートルであることから，遺伝子操作（遺伝子情報であるDNAの塩基配列を解析し操作）は一種のナノテクノロジーといえる。2ナノメートル程度のDNAも，顕微鏡写真で直接肉眼で見ることが可能になっている。生化学分野でも微小技術は急激に向上している。生態系保全における知見の蓄積が期待できる。

鉄鋼材料には，炭素（C），シリコン（Si：ケイ素［silicon］），マンガン（Mn），窒素（N），ニッケル（Ni），クロム（Cr）など，要求される材質に応じて添加されている。自動車ボディ用に大量に使用される鉄鋼材料は，プレス加工性を高めるために炭素や窒素など不純物を極力減らした深絞り用鋼板という材料である。また，鉄にクロムを12％以上添加した合金は，耐食性が高く防錆性がある。この性質を利用したステンレス鋼（stainless steel）は耐食性が高く，機械的性質，加工性，溶接性などに優れており，家庭用，化学装置用などさまざまな耐蝕材料として使用されている。クロム以外にもニッケル，モリブデン（Mo）などが添加される場合もある。最も代表的なものには，スプーンやナイフにも使用されているSUS304（JIS種類記号：

オーステナイト系ステンレス鋼）で，これら製品の裏などに18-8と記載がある。この数字は，クロム18％，ニッケル８％が含まれることを意味する。

ナノテクノロジーの概念を最初に提唱したのは，物理学者のリチャード・ファインマンである。1959年にカリフォルニア工科大学で行った講演で，原子レベルの微少な操作が潜在的に非常に大きな可能性を秘めていることを論じた。その後，エリック・ドレクスラーが，1981年に米国科学アカデミー会報に発表した分子テクノロジーに関する専門論文では，アセンブラーという装置に炭素や酸素，窒素などを入れ，パンや肉など食べ物から自動車，飛行機に至るまで，原子から組み立てて作り出そうという概念を示した。われわれの身の回りのものすべてが100余りの元素でできていることから，それらを組み合わせればどんな複雑なものも製造できるという考えに基づいている。

ナノテクノロジーの開発が進展すると，分子，原子および量子化学レベルで長寿命性が飛躍的に向上すると予想される。また，リサイクルも正確な知見に基づき効率的になることが期待できる。資源循環に関する環境政策がより自然に近いシステムを築いていくことが期待できる。

⑷　リサイクル

①　リサイクルの概念

減量化方法の最終的な手段として，すでに生産してしまった製品の廃棄量を減量化するリサイクルという手法がある。水平リサイクルされれば，リユースと同様の効果が得られ生産品の寿命が急激に伸びることとなり，同生産における原料となる資源の減量化にも貢献する。また，カスケードリサイクルであっても，再生される製品の生産における原料資源の減量化となる。

ただし，リサイクルには新たなコストが生じることから，再生品の値段が高くなることが多い。技術的にリサイクルできても商品としての価格競争力がなく，市場では資源循環が実行できない場合が多い。「国等による環境物品等の推進等に関する法律」および地方公共団体が施行している「自治体などが再生品（再生物品）を率先して購入することを定めた条例」のように，政府または地方公共団体が価格競争力がないリサイクル品を購入し，大量生産を可能にすることで安価にして，市場でのリサイクルを経済的に誘導する政策が行われている。この効果により，ボールペンやシャープペンシルに使用されるプラスチックなど，文房具には再生品が急激に増加した。

価格競争力を持ち，資源循環に関する啓発効果もあり，リサイクル品の市場ができたことでリサイクル商品の種類も拡大した。リサイクルには，廃棄物の科学的性質によって適切な措置が必要であり，使用済製品に含有される化学物質の詳細な情報が必要となる。これらの情報が整備されることで，これからも新たなリサイクル方法が生まれてくると考えられる。

②　マテリアルリサイクル

廃棄物を回収，分別，分離して再度物質材料として利用し，新たな資源供給源とすることで省資源化に貢献している。高価な貴金属（金，銀など）や比較的高価な非鉄（アルミニウム，銅），大量に効率的に取り扱うことができる金属（鉄，ステンレス）などは，含有する使用済製品が回収され，目的物を抽出・分離するマテリアルリサイクルが1つの産業として操業されている。

しかし，目的物質以外は，サーマルリサイクルされるか，または多くが埋め立てなど廃棄処分される。白金やロジウムなど，微量でも高額の化学物質が含まれる場合は，わずかな量でも高度な分離抽出を行ってマテリアルリサイクルが実施される。先端技術を伴う製品は，配合される物質成分が不明なことが多いため，有用金属等が含まれると予想される廃棄物に関しては，事前に高度な定性，定量分析も実施される。

物質資源が枯渇してくると，経済的な面からマテリアルリサイクルの可能性が広がってくる。金は，地球における存在率が非常に低いにもかかわらず，高い導電性を持ち工業用資源としての需要が高まっており，装飾品としての価値も高いことから世界各地でマテリアルリサイクルが行われている。しかし，簡易な分離方法では水銀が安易に使用されるため，水銀病（水俣病）が国際的に問題となっている。

自然の物質循環は，ナノテクノロジーレベル（原子，分子レベル）の化学反応によって行われているため，マテリアルリサイクルにおいても，将来は精密な物質制御のもとで効率的に原子レベルの操作が進められると考えられる。

「廃棄物の処理及び清掃に関する法律」（以下，廃掃法とする）上は，リサイクルの中で優先順位が高い処理方法であるが，処理に多量のエネルギーを消費することや，高価になることによって価格競争力がないことからマテリアルリサイクル品の商品化が進まないものも多い。

③　ケミカルリサイクル

廃棄物を生産工程における原料（反応物）として利用して，原料消費の減量化を図る方法である。製鉄では高炉に廃プラスチックをコークス（還元剤：鉄鉱石［自然の酸化鉄から酸素を分離する］）の代用品として投入したり，水平リサイクルとして廃PET（Polyethyleneterephthalate）などを化学的に分解し，原料（モノマー）に戻すことなどが行われている。

コークスの代用品としては製鉄製品の品質に悪影響を与えるため，あまり多くの量を投入することはできない。また，酸化反応（焼却）する際の熱源としても利用されるため，サーマルリサイクルの範疇としても見なされる。ドイツの包装材リサイクルにおいては，ケミカルリサイクルを当初はマテリアルリサイクルの分類にしていたが，あまりに多くの量が処理されるようになり，再検討が行われ，現在はサーマルリサイクル扱いになっている。

④　サーマルリサイクル

プラスチックは石油から製造されており，燃料として利用することができ，化石燃料の削減に貢献する（プラスチックの油化，RPF［Refuse Paper & Plastics Fuel］など貯蔵燃料とすることもある。また，燃焼熱を利用して火力発電所のようにタービンを回し発電することもある)。いわゆる省エネルギー効果が得られる。

バイオマス由来のモノを燃焼によって熱利用すれば，カーボンニュートラルであり，環境負荷（地球温暖化原因物質［二酸化炭素］の排出）が非常に低い（燃焼部分のみでは環境中への増加はない)。建築廃棄物や剪定枝，間伐材，余剰牧草などが利用される。暖炉やボイラーを用いた地域冷暖房，バイオマス発電に利用されている。

産業用での利用例では，セメント（消石灰から生石灰への反応）生成時などの燃焼工程の燃料として，自動車のタイヤや廃プラスチック製品などの産業廃棄物等が利用されている。一般廃棄物処理場では，焼却熱を利用した温水プールなどが隣接して建設されているケースがある。ただし，リユース，マテリアルリサイクルが可能なモノをサーマルリサイクル材料にしてしまうと，モノのサービス量が減少してしまうこととなるので，リサイクルに関する技術レベルおよび社会システムの整備状況を考慮して，資源循環を合理的に進めていく必要がある。

廃プラスチック内には複数の配合成分があり，廃棄物となるとその成分がほとんど不明になってしまう。中間処理で焼却処理する際に800℃以下になるとダイオキシン類が発生する可能性があり，1,200℃を超えるとノックス（NOx）が発生する。このため燃焼時の焼却炉内の温度変化には注意する必要がある。この燃焼熱を利用した発電も行われており，施設内などで使用する電力として有効に利用されている。また，「電気事業者による再生可能エネルギー電気の調達に関する特別措置法」に基づきバイオマス発電として電力会社へ買電もされているが，買電価格が安価になると収益としてはあまり期待はできない。

世界的に廃プラスチックによる海洋汚染が問題となっていることから，大量な処理が必要となる可能性が高い。ポリエチレンテレフタレート（polyethyleneterephthalate：PET）やポリプロピレン（polypropylene：PP）のような，比較的価値がある単一のプラスチックはマテリアルリサイクルの可能性はあるが，ほとんどの廃プラスチックはサーマルリサイクルするほうが妥当と考えられる。

(5) 鉱物資源

① リサイクル処理

鉱物資源は，鉱山から採掘され精製されて製品となり，寿命の差はあるが，その後すべて廃製品となり最終処分となる。バイオマスと異なり，燃焼処理による減量化やサーマルリサイクルすることはできない。この資源から廃棄物への一方向の人為的活動が続くと，いずれあちこちに廃棄物の山ができ，資源は枯渇する。

廃棄物は環境負荷を発生させ，環境コストを生み出す。廃棄物を分離精製し，新たな原料を生成すれば環境コストを利益に変えることができる。したがって，前項でも述べたとおり，貴金属や軽金属など高価な原料は，すでに市場や社会的なリサイクルシステムができており，国際的な取引も行われている。リサイクル工程にもコストがかかるため，廃棄物中に配合される目的物の含有率，作業の手間などによってマテリアルリサイクルできるものは限られてくる。他の生産活動と同様に，人件費が安価な途上国へリサイクル工場も移転している。

リサイクルに関する技術開発や社会システムが築かれれば，効率的に行えるようになり，マテリアルリサイクルできる廃棄物の幅も広がる。社会システムは，1990年代から国際的に拡大生産者責任が浸透し始めていることから，法令整備，産業界の自主的規制によって構築されつつある。使用済製品が資源に変わることによって廃棄物および資源採掘の減量化となり，環境負荷が低下し，資源の安定供給も図られることとなる。ただし，リサイクル工程で環境汚染が発生するおそれもあり，注意する必要がある。

図Ⅰ-3　**マテリアルリサイクルされた高純度な銅（ドイツ）**

粉砕され，振動で比重分離された銅粉である。複数国でマテリアルリサイクルが行われている。各コンテナで純度が異なり，再生用途が異なっている。資源が循環されている代表的な例である。

② マテリアルリサイクル事例

銅は，さまざまな製品に利用されており，比較的高額であることから，わが国および諸外国においてマテリアルリサイクルの社会システム（回収・分離，再生）が構築されている。取扱いに関しても長い歴史があり，合理的な資源循環が行われている。

銅を含有した廃製品は経済的な価値が高いため，廃棄物資源として世界中を移動し，再生・利用されている。国によっては違法な処理が行われ，環境汚染を発生させている場合もある。銅電線のように，純度の高い銅にプラスチックの被覆がしてあるようなものは，野焼き（野外でそのまま焼却）をすることによってプラスチック部分のみ単純焼却（プラスチック部分のみが水と二酸化炭素に分解［酸化］）されることから，銅部分のみを取り出す者も存在する。この方法は分離装置を必要とせず，容易に目的物（銅）を分離できるが，火事の危険があり，すでに海外では山火事などが発生している。また，プラスチック部分に配合された化学物質が酸化（焼却），または他の化学反応によって有害物質になることもある。例えば，ポリ塩化ビニル（Poly Vinyl Chloride：PVC）が被覆材に使用されていた場合，800℃以下で燃焼されるとダイオキシン類が発生する。

銅は比較的高価で市場に大量に流通しているため，マテリアルリサイクルが効率的に行える。銅をはじめ他の金属の鉱物資源は，世界の経済成長（GDPの拡大）によって加速度的に減少してきている。存在率が低い鉱物採掘が余儀なくされてきているバージン資源の採掘・精製コストと，マテリアルリサイクルに要するコストとの比較によって資源の価格競争力が決まる。景気向上，新技術開発などで需要が増加し，価格が高騰すればマテリアルリサイクル品供給が一層進められることとなる。

将来，バージン資源の供給が減少することは確実であるため，資源政策としてマテリアルリサイクルの社会システムを整備しておくことは極めて重要な施策である。中長期的なロードマップを作成することが必要である。マテリアルリサイクルによる資源の供給が増加し，これまでと異なった生産（インバース・マニュファクチャリング）が行われることで新たな環境汚染が発生するおそれがあり，環境政策上事前評価を十分に行うことが必要である。金のマテリアルリサイクル（水銀を利用して分離）における水銀汚染のような被害は防止しなければならない。長期的に考えた社会的なマテリアルリサイクルシステムについて国家戦略を策定する必要がある。中国では，1990年代から諸外国の廃棄物（または廃棄物資源）を輸入し，海外のリサイクル業者が操業できる地域を政府が指定し，マテリアルリサイクルによる資源調達に関するロードマップを作り進めている（中国国内でマテリアルリサイクルされた資源の輸出を禁止している）。2020年頃には国内から排出される廃棄物によって調達可能となり，海外からの廃棄物輸入取りやめることを計画的に進めている。

わが国は，廃棄物を資源として輸出することで国内での処理・処分を免れてきたが，輸出先がなくなることで国内で対応しなければならなくなっている。廃棄物問題に関する短絡的な計画で施策の失敗である。新たな不法投棄のおそれが高く，短期的ではなく，政府による中長期的な環境政策を検討しなければならない。

Ⅰ.2 資源と環境政策

(1) エネルギー資源

① 資源問題と環境問題

経済成長を目指している国々にとっては，資源の枯渇は環境問題ではなく，成長を阻害する問題，または現生活のモノとサービスの供給を脅かす問題である。多くの人が，資源問題をそのまま環境問題と捉えがちであるが，全く性質が異なっている。例えば，燃料価格が高騰すると省エネルギーが進められ，化石燃料の消費減少による地球温暖化対策も注目されるが，燃料価格が低下すると燃料消費は増加し，環境対策はあまり注目されなくなる。また，福島第一原子力発電所事故による放射性物質汚染などが問題視され，環境汚染が懸念される。しかし，国内の原子力発電所が停止したことで火力発電が急激に増加し，大量の二酸化炭素が排出され，地球温暖化問題を悪化させている。電力によるサービスが優先され，省エネルギーまたは過剰なサービスを減らすことは困難な状況である。もっとも，わが国の経済力が低下し，化石燃料が輸入できなくなれば強制的に省エネルギー促進は余儀なくされる。ただし，個人の経済的格差が，これまで得られていたサービスを受けられるか，受けられなくなるかを決めることになるだろう。これは，環境問題ではなく，資源問題または経済的な問題である。

環境汚染を起こしている化学物質は，ほとんどが地下から人工的に掘り出されたものである。それらが大気，水質，土壌の物質バランスを変え，生物の生存を脅かし，人に健康被害を及ぼしている。人や生物には短期的には直接的有害性はほとんどないが，環境中の物質バランスを変え，長期的な環境変化を発生させる場合もある。地球に偶然できた生命維持システムであるオゾン層を破壊し，地球温暖化による気象変化，生態系の変化・破壊などを引き起こしている。これらが環境問題である。

② エネルギー資源の貯蔵

化石燃料，核燃料，水力発電，バイオマス燃料は貯蔵することができ，需要に応じて供給することができる。これら発電は，すべて燃焼または核反応で発生させた熱で水または別の媒体（ナトリウムなど）を気化し，タービンを回転させ発電を行う。一般的に反応設備内は高温を得るため高圧にされる。タービンを回した後は復水器（日本では冷却水に海水利用が主：利用後は自然界へ放出）によって冷却する。

原子力発電（核分裂反応）は，一度発生した核反応は容易に止めることはできず，1日の電力需要の変化に対応することはできない。夜発電された電力は捨てられるか，または揚水発電における上流のダムへの汲み上げ用エネルギーに使われる。揚水発電は，非常に効率の悪いエネルギー利用であるが，夏期における電力ピーク時の電力不足対処のために使われる。燃料のウランは莫大なエネルギーを持ち，貯蔵のための容積は非常に少ない。しかし，発電後に発生する核廃棄物（低レベル廃棄物［ドラム缶に入れられ莫大な数となる］，高レベル廃棄物［キャニスターに入れられ特殊な貯蔵となる］）は膨大な量となり，最低でも数万年の貯蔵が必要となる。また，太陽と同じ核反応を利用する核融合発電も実用化段階にあり，反応の正確な制御，リスク分析およびその対処に関する研究開発が進みつつある。

火力発電は発電開始に約8時間を要し，計画的な運用が行われている。天然ガス発電など高度な発電技術が開発されており，効率的に燃料が消費されている。ただし，福島第一原子力発電所事故後に，わが国のすべての原子力発電所が停止した際に電力不足が深刻になり，緊急的対処として熱効率の悪い火力発電も運転されている。燃料は，石炭，石油，天然ガスおよび再生可能エネルギー源の一種であるバイオマスとなる。

水力発電は水の流れ（水が高い位置から低い位置へ流れる位置エネルギー）

を利用しており，自然界の水循環を利用する再生可能エネルギーである。数分で発電を始めることができ，計画的な電力供給な可能である。ただし，ダムに貯蔵される雨水は，治水，水道，農業用水などの機能も擁するため，発電のみで利用していない場合も多い。

他方，燃料電池による発電では，反応物として水素と酸素が必要となる。酸素は空気中（約2割存在）より得られ，水素は人工的に生成される。高温状態の施設を有する化学工場などから遊離した水素を回収することも試みられているが，一般的には化石燃料から水素を分離して作られる（2019年5月現在）。都市ガスの主成分であるメタンから分離することも行われており，家庭用燃料電池利用が可能となった。発電効率は高いが，水素を分離した化石燃料の炭素分は，空気中の酸素と結合し地球温暖化原因物質の二酸化炭素となる。

③　電気の貯蔵

電気エネルギーの貯蔵方法として，自動車などで使われる蓄電池や家庭用電池がある。また，工場などに設置される大型のものとしては，NaS（ナトリウム・イオウ）電池がある。しかし，使い捨て電池は利便性を向上させるが，小さな電気容量で寿命が短く，資源消費や廃棄物発生量を高める。また，前述の燃料電池は，電池内で発電しているため電気を貯蔵しているともいえる。電気通信，電気自動車など，電気の需要の増加に伴い電池の需要も増加している。また，再生可能エネルギーによる発電は天候の変化で計画的に行えないものが多く（水力や地熱発電など以外），風力発電や波力発電などは電力消費が少ない夜にも発電が行えることから，いったん電気を電池に貯蔵するほうが効率的になる。このため再生可能エネルギーによって発電された電力貯蔵にも需要が増加した。

他方，継続的に機器を利用するために二次電池が内蔵された機器が増え，家庭用電池も資源・廃棄物の減量化，電気代の節約を目的とした家庭用電池も普及している。ニッケルカドミウム電池が国際的に普及し，その後エネルギー貯蔵量が多いニッケル水素電池が開発され，さらにエネルギー密度が高いリチウムイオン電池が作られ，現在大量に生産されている（2019年５月現在)。しかし，エネルギー密度が高くなったことから発火などの危険性も増加している。

また，リチウムイオン電池に不可欠なリチウムは，地上に次々と拡散されていくことが予想される。全世界におけるリチウムの埋蔵量は410万トン（2007年現在）といわれている。その多くがチリに存在している。多量に生産されているにもかかわらず，現在（2019年現在）マテリアルリサイクルはされていない。膨大な資源が存在していてもいずれは枯渇し，大量の廃棄物を生み出す。人体への有害性としては，中枢神経障害や消化器障害，肝機能障害が臨床医学で観察されている。汚染被害などが問題となる前に，LCA（Life Cycle Assessment)，供給予測などの基づき環境への影響評価し，対策を考えておくべきであろう。

⑵　人為的資源循環

①　自然循環との相違点

自然の資源循環の中では，化石燃料が消費された後に発生する廃棄物である二酸化炭素も，光合成によってバイオマスとして再生されている。しかし，人類はいまだ信頼できる再生の方法を見つけ出していない。その他の物質も再生されているものは限られており，廃棄物の内容物も十分に把握できていない。現在「廃棄物の処理及び清掃に関する法律」（以下廃掃法とする）で分類されている廃棄物は，産業廃棄物のみで19種類のものと「輸入廃棄物」[注１]であり，非常に少ない。一般廃棄物は産業廃棄物以外のものとなっており，一般家庭などから廃棄する際の分類は，回収，処理・処分義務がある市町村または清掃組合（複数の市町村が共同で行っている場合）が処理施設（焼却設備など）の能力に応じて独自に定めている。

使用済製品をリサイクル技術，廃棄物を処理・処分する技術はさまざまに開発されているが，自然の物質循環に比べると足下にも及んでいない。そもそも，廃棄物や資源は，人が決めたもので自然の中では区別はされておらず，他の物質と同様に自然法則に従う。焼却処理は，廃棄物の多くを気体と水に変化でき，減量化または目の前から見えなくするには機能するが，自然界で物質循環を行っているわけではない。リサイクルは，人にとって有用な資源を生み出すことで資源採取量を減量化し，不自然な物質循環量を減らしていることとなる。自然の物質循環と，人が行っている資源循環は大きく乖離している。したがって，環境への負荷を減らすためには，なるべく資源採掘を減らし，これまで採取された物質を最大限に循環する必要がある。

しかし，人類は物質循環を考慮して研究開発や技術開発を行ってきたわけではなく，「資源を消費すること」までしか考えていない。この一方向の活動に経済を利用してきたため，GDP拡大は単純に廃棄物を増加させる。製品を作るより，使用済製品を資源に戻すことのほうが経済的，技術的に困難であるため，現在は減量化が最も合理的な方法である。しかし，製品の長寿命化（減量化方法の１つ）である修理（repair）はむしろ衰退しており，経済的には新たな製品を購入したほうが安価な場合がある。バージン品からの生産コストを極力減少させるための技術，経済システムおよび社会システムが進んだことが原因である。友禅染の着物のように，高価な着物は仕立て直しまでして利用するが，普段着は修繕することは少ない。したがって，環境保全を目的として修繕が行われているわけではない。日本人が昔から使っている「もったいない」という言葉は，経済的な視点が強い。資源循環に経済的メリットがなければ，人に循環型社会構築へのインセンティブを持たせることはできない。

②　廃棄物の処理

人類が廃棄物から再生できる資源は，技術的，経済的面から限られる。廃棄物に含まれる化学物質は莫大な種類にのぼるが，前述のとおり「廃掃法」では19種類のみの分類となっており，分離精製が非常に困難となる。そもそ

図 I-4　廃容器の分別
「容器包装に係る分別収集及び再商品化の促進等に関する法律」に基づき回収された廃容器は，リサイクル工場で人の手によって分別され，「資源の有効な利用の促進に関する法律」に基づき再生される。ゴミ廃棄時に分別されていないと当該作業が煩雑となり，危険なものが混入していると労働災害の原因になる。

も廃棄された後のリユース，リサイクルなど処理・処分後の状況まで考えて設計，生産された商品はほとんどないのが現状である。

排出時に分別を明確に行わなければ，マテリアルリサイクルにおける分離精製，または焼却処理時の有害物発生除去に支障をきたす。また，再生品への不純物配合のリスクが高まる。一方，廃棄物すべてをマテリアルリサイクルすることは現状ではできないため，再生することによって利益を得られる化学物質のみが対象となる。目的物の配合率が低いと，その他のものは焼却処分や減量化などの過程を経て最終処分されることとなる。

一般廃棄物の最終処分量の減量化では，溶融処理技術（注2）などリスクを低減する技術開発が進み焼却残渣のリスクが低下し，溶融固化により得られた固化物（溶融スラグ）は路盤材や建築材料などに利用されている。これにより，埋め立て処理場（最終処分場）の延命化（残余年数が増加）が実現し，路盤材など調達（注3）へ有効な供給源となった。

産業廃棄物は「廃掃法」では，排出事業者の責任で処理・処分が義務づけられている。一般的には，委託業者によって処理・処分が行われるため明確なコストが生じている。このため持続可能な開発の意義を理解しない，または目の前の利益のみを目的として不法投棄による節約が続発している。しかし，自社の廃棄物を減量することでコスト削減になることから，メーカーでは設計段階からの廃棄物減量化策（一般的にグリーン設計，またはエコデザインなどと呼ばれる）を実行し，経済的なメリットを実現している。拡大生産者責任は国際的に広がっている考え方でもあるので，今後もこの開発は進められていくと考えられる。

食品メーカーでは廃棄物もバイオマスであることから，その成分を使って健康食品などの新たな商品に生まれ変わらせるマテリアルリサイクルが行われている。コストから利益へと変換に成功している。その他の業界でもさまざまに開発が行われている。

③　廃棄物からエネルギー資源へ転換

廃棄物を蒸し焼きにして固形燃料（わが国の炭焼きに類似）としたRDF（Refuse Derived Fuel：固形化燃料）は，サーマルリサイクル方法として一時注目された。政府の補助金など経済的な誘導が行われたが，生産設備で相次ぎ事故が発生し，操業が停止する施設が複数発生した。さらに，廃棄物内に有害物質が配合されているおそれもあり，RDF燃料を燃焼すると却って環境汚染の可能性があるため，燃料としての使用が懸念された。製造されたRDFに使い道がなく，資源として空き地などに放置される事件も発生し，環境リスクを高める事態となった。エネルギー資源政策としては有効とされても，環境政策の観点から評価しなかったことが失敗の理由である。ただし，廃棄物を紙とプラスチックに限定した固形燃料であるRPFは，配合物がほぼ確定しているため普及している。

また，廃棄物や下水，あるいは産業からのバイオマス廃棄物を発酵させて，生成したメタンガスを燃料として使用することもすでに実用化・普及されている。スウェーデンをはじめ複数の国では，都市ガス，天然ガス自動車燃料などの供給源として利用されている。また，廃棄物を環境中で自然発酵させると，二酸化炭素の約26倍（2019年５月現在の測定値）の温室効果があるメタンを放出させてしまうこととなる。燃焼させたほうが地球温暖化防止を抑制する。

廃棄物の焼却の際に発生する熱も，熱供給源として従来より利用してきており，発電も行われている。一般廃棄物は水分を多く含む生ゴミが含まれるため燃焼のための熱量が少なく，炉の温度を保つために重油が投入される。対して，産業廃棄物の燃焼は熱量が大きすぎて，温度を下げるためにおが屑などが投入されている。一般廃棄物は市町村（税金），産業廃棄物は民間業者（民間企業のコスト）が処理・処分を行うことが「廃掃法」で定められており，別々に焼却処理（中間処理）が行われている。一部「民間資金等の活用による公共施設等の整備等の促進に関する法律（PFI［Private Finance Initiative］法）」に基づいて合理的に混焼されているところもあるが，今後「廃掃法」における規制内容の改正が必要と考えられる。法では，廃棄物のリサイクルでマテリアルリサイクルを優先しているが，現在の技術レベルでは水平リサイクルはほとんど不可能であり，カスケードリサイクルも限られている。短期的に無理にマテリアルリサイクルを進めるより，現状では焼却処理の方法を検討したほうが妥当である。技術的な予測，廃棄物の排出予測に基づいて中長期的にマテリアルリサイクルを適宜進めていくべきであろう。

核廃棄物の場合は，他の廃棄物と違い健康障害を発生させる放射線を出し続けるリスクが問題となる。もし，使用済核燃料からプルトニウムを取り出し濃縮し，プルサーマルあるいは高速増殖炉燃料にしたとしても，多くの低レベル放射性物質と他の高レベル放射性物質は存在するため，数万年以上のリスク管理は必要である。原子核を人為的に改変し，半減期を短くする（放射線を出し続ける期間を短縮）技術の研究開発も進みつつあるが，現状では実用化の見込み（技術的，経済的要因から）にはかなりの期間を要すると考えられる。放射性物質の環境汚染も環境問題であるため，環境政策において検討すべきである。

④　廃棄物を資源にする条件

廃棄物を再生し資源循環を実現するには，使用済商品の分別，回収（経路確定，ストックヤード確保，回収作業など），分離・精製および資源の生成を継続的に行わなければならない。また，再生資源に商品としての価値がなければ資源循環とはならない。廃棄物再生は，いまだ開発が必要な技術が多数あり効率的なリサイクルとなっていない部分が多い。このため，人件費をはじめ新たなコストが必要となる。人件費が高くなる工程は途上国で，高価な設備が必要な場合は先進国で行われることが多い。したがって，廃棄物も資源として輸出入が行われている。なお，再生品に当初価格競争力がなくとも中長期的な視点で再生が必要な廃棄物に対しては，国や公共団体が経済的な負担を負って買い取るケースもある。なお，バージン材料価格が低下した場合は，再生品の競争力は急激に失われる。

他方，大量生産によるコスト低下を目的として経済的誘導を図る場合や，廃棄物残渣でできたブロックや道路舗装材などイメージが悪い商品などは公共事業体施設内で使用する例がある。また，火力発電所など温排水を排出する工場の岸壁，施設に付着した貝（清掃ゴミ）や食品業から廃棄される貝殻のカルシウム分は，あまり悪いイメージを持たれることはなく，その機能を利用して道路舗装材やチョーク含有材料（飛散抑制材）に利用されている。再生品に新たな機能が備わる場合，バージン品より競争力が加わり安定した需要を生み出すことができる。

バージン資源のみの供給で持続可能性を考えずGDPを増加させていくと，数十年以内に次々と資源が不足してくる。しかし，「モノ」，「サービス」に囲まれた現状で，近い将来資源不足が現実化することが実感できないのは当然である。一般公衆には，「漠然とリサイクルはよいこと，しかし負担がある。ボランティアの推進が必要」といった意識があるが，ペットボトルなどのリユース品が不潔であると嫌がったり，修理修繕は面倒，または見た目が悪いといったことから積極的になれないことも事実である。

廃棄物中間処理場（焼却場），廃棄物最終処分場（埋め立て処分場），リサイクル施設などは悪臭，有害性，危険性への懸念からNIMBY（Not In My Backyard Syndrome：自分の近くにはいやなものは来させない）による反対は極めて強く，新たな廃棄物処理・処分施設を建設することはかなり困難である。身の回りの衛生に関しては高い関心を持つが，地域環境保全，地球環境保全に関してはなかなか理解できないのが現状である。

この現状を踏まえて，今後不可欠となってくる廃棄物からの資源再生に向けて，いまだ環境保全が一般に十分に理解されていないことを踏まえて，新たな環境汚染・破壊が発生しないように環境政策を進めていく必要がある。例えば，一般廃棄物（一般ゴミ）減量化のために，多くの市町村では，ゴミ収集日の頻度を減らし，収集ゴミ袋を有料化し，家庭ゴミ排出量を減量化する対策を進めているが，行政サービスが減り，生活費が増えることへの不満の声をよく耳にする。ゴミ処理自体，自分が払っている税金で処理されており，ゴミ減量化が税金利用の効率化につながっていること，ゴミの焼却処理や最終処分量が減ることで環境保全となることおよび資源の無駄遣いの削減にもなることはあまり理解されていない。短期的にGDPは下がっても，中長期的には持続可能な開発が向上するなどということは容易に受け入れらてもらえない。何らかの直接的な価値を示さなければ，行動を喚起することは困難であるが，経済的価値だけでは基本的な理解を得ることは難しいだろう。

⑶　資源利用

①　副産物

製造物は，生産工程で多くの副産物を生成する。生産原料で不要部分は廃棄物となり，副生成物で発生した気体や液体は，排出物となって環境中に放出される。排出物を中和等で無害化する場合，新たな廃棄物を生じる。これら製品を作り出すまでに不要となって環境中に放出されるエコリュックサックは，これまでに多くの環境問題を発生させている。1960年代に問題となった公害のほとんどは，この生産段階で排出された汚染物質が原因となっている。近年では，これら排出物を極力抑えるゼロエミッションの考え方が多くの製造現場に取り入れられている。ゼロエミッションとは，国連大学が提唱したもの（Zero Emission Recycle Initiative：ゼロエミッション計画）で，自然界で循環しない廃棄物を排出している唯一の生物である人間の活動を改善しようとする考え方である。廃棄物は人類にとっては，そのままの状態では無駄な物質であり，目の前から遠ざけたい存在である。世界で事業を展開している米国の化学メーカーであるダウケミカル（The Dow Chemical Company：2017年にデュポンと合併し，現在，ダウ・デュポン［DowDuPont Inc］）など多くの企業では，廃棄物の減量化は大きな利益であると認識し，資源の効率化に早くから取り組んでいる。

具体的な例としては，化学メーカーなどの工場の製造工程で発生した端材などをマテリアルリサイクルしたり，ビール会社の発酵工程で発生した二酸化炭素を生産工程で再利用したり，インフラストラクチャー等に使用されている銅など大量に使用されている有用な金属等を高い純度が求められない製品へ再利用するなど利用が進んでいる。いわゆる3R（reduce，reuse，recycle）など，資源循環に関する活動を自社内外で行うことになる。ただし，サーマルリサイクルや再生に利用するエネルギーとして化石燃料が消費されると，廃棄物として二酸化炭素が環境中に排出されてしまう。ゼロエミッションに近づけるための省エネルギー技術の導入が望まれる。

また，生産段階で発生した廃棄物は，製品の生産の増加と並行して増えることとなる。加工貿易を盛んに行っているわが国は，製品は外国に運ばれ，固体廃棄物が国内にストックされることになる。したがって，生産段階でゼロエミッションに近づけられれば，わが国にとって大きな環境対策となる。経済成長策を検討する際に，大量に輸入される資源をなるべく廃棄物にしないように政府として誘導する必要がある。いわゆる行政コストも含めた環境コストの大きな削減になり，利益率の拡大にもつながるだろう。単純に一過性のGDP成長のみの成果を求めるのではなく，将来のデメリットを最小限にする政策が必要である。資源政策および環境政策が一致している点であるが，資源政策の中に取り入れるには将来を見据えた柔軟な検討に対して，一般的な理解を広げなければならない。

②　環境評価

商品の環境評価として省エネルギー性能や有害物質の含有回避なども注目

されており，生産物の真実の環境負荷削減を進める場合，今後はエコリュックサックも評価対象になってくる。ただし，LCAにおいても資源採取まで取り扱うことは難しく，正確な情報が整備されるにはまだ時間がかかることが予想される。資源が日本に輸入されてからのLCAのみでは，真実のLCAではなく，むしろ評価結果が偽りの事実を造り上げてしまうおそれもある。

宝石や貴金属などは，鉱石（原鉱）のうち価値ある部分はほんの一部で，莫大な副産物（廃棄物）を環境中に放出している。また，天然ガスなど海外の採取場所で多量の有害廃棄物を発生させていても，効率のよい燃焼だけを見ればクリーンなエネルギーとなることもある（有害物質のハザード評価，曝露評価はまちまちであるのでリスク評価は極めて難しい）。また，鉄や銅など一次加工や生産に大量のエネルギーを使用し，大量の廃棄物を発生させるものは，海外で行ってしまえば見かけ上国内でのLCA評価はよくなる。また，大量の廃棄物（二酸化炭素も含む）または排出物を大量に排出させて作った材料を購入し製造するだけの産業では，その製品製造のみLCA評価すれば非常によい結果が見込まれる。いわゆるエコという名称がつけられる製品を作ることもできる。

しかし，LCA研究がさらに進むことによって，これら副産物のマテリアルリサイクルや適正な処理・処分は，正確な評価が理解されるようになる。これらは，今後さらに注目していく必要がある。銅やアルミニウムのように非鉄金属類は，その高い価値であるがゆえに廃製品のマテリアルリサイクルシステムが普及しており，消費エネルギーや資源の減量化が非常に進んでいる。

例えば，アルミニウムは，大量のエネルギーを使い，原鉱石であるボーキサイトを精錬して作られる。アルミニウム製品をマテリアルリサイクルすることで，消費エネルギーを（一般的に行われている電解法による精錬を用いた場合の）97％も削減できるとされている。そもそもアルミニウムは，地球の地殻には8.3％存在し，含有率は微量ではあるが広範囲に存在している。しかし，一般的に存在するアルミニウム含有鉱石を製錬するにはコストがか

①回収され，サイコロ状に
圧縮された廃アルミ缶

②廃アルミ缶を再生した
アルミニウム

図Ⅰ-5　再生アルミニウム

わが国では，アルミニウム缶による飲料水の販売が多く，大量の廃アルミニウムを処理できることから，効率的な再生が可能である。行政では，身体障害者の仕事としてアルミニウム分別施設を作り，運営を行っているところもあるが，廃アルミニウム缶などの価値が上がると，一般廃棄物分別回収所から窃盗が相次ぎ，困っているところも発生している。台湾では，アルミニウムの電力ケーブルまで窃盗をしようとして感電死する者まで発生し，新たな法律が制定されるなど社会問題となっている。

かりすぎることから，経済的な面からアルミナ（酸化アルミニウム）が50～60%含まれているボーキサイト（ギブサイト，ベーマイト）を莫大なエネルギーを利用して抽出分離してアルミニウムを製造している。

ボーキサイトの大きな鉱床は，オーストラリア，ギニア，ジャマイカなどにある。鉱石の半分は廃棄物となり，重い鉱石を遠くから大量のエネルギーを消費して運んでくるアルミニウムは，エコリュックサックが非常に大きい。しかし，耐食性に優れ，軽く延展性がよいことから加工しやすい非常によい材料であり，鉄に次いで多く利用されている金属である。ドイツなどのように，エネルギー消費による大きな環境負荷を避けるために使用しないようにする政策もよいが，人工的に自然循環に近づけてマテリアルリサイクルを進めるわが国の政策も合理性が高いと考えられる。

従来，わが国のアルミニウム生産では，大きなエネルギーが必要であることから，計画的に自社または電力会社が再生可能エネルギーである水力発電所を設けるケースも複数あった（ただし，大きなダムは環境破壊も伴うため，そのすべてのLCA分析を行うとどのような結果が出るかを予想することは現状では困難である）。

③　家電からの資源回収

市場にある大量の製品には多くの物質が存在しており「都市鉱山」という言葉もある。世の中で使用されている希少で高付加価値な物質（レアメタルといってもレアでない物質もある）は，製品の高機能な性質を出すために先端技術で作られることが多い。また，太陽光発電のパネルに使用するシリコンやこれから二次電池（充電池）用材料として急激に需要が高まることが予想されるリチウムなどは，資源政策上供給源を確保することが極めて重要とされている。

すでに，太陽光発電設備に関しては，シリコンの供給源不足が販売シェア低下となってしまう事態も発生している。このような状況を踏まえ，太陽光パネルのリユースによる供給も始まっている。新たな生産工程を持つ事業が増加することから，回収，分別・分離，再生の全リサイクル工程における副産物等における環境影響を十分に検討する必要がある。リサイクル推進策のみに注目すると，思わぬ問題が発生する可能性がある。「使用済小型電子機器等の再資源化の促進に関する法律」（2013年施行）による使用済電子機器からの有用金属の回収も始まっており，今後注意していくことが望まれる。

(4)　循環経済の促進および廃棄物の環境保全上の適正処理

①　リサイクルビジネス

前述のとおり，リサイクルは生産時の副産物（エコリュックサック）や排出物抑制および使用済商品の減量化を図ることができる。一方，資源政策の面からは，十数年から百数十年の間に多くの資源が現在の価格供給ができなくなることがわかっており，経済成長の基盤となる資源需要を補完する供給源としてリサイクルが期待されている。

1990年代より，リサイクル効率を向上させるために，大量の廃棄物が廃棄物資源として世界中を移動するようになってきた。ただし，リサイクルビジネスで調達できる資源は未だ十分に安定した供給源とはなっておらず，経済的な価値の上下で需要が大きく変動し，持続可能なビジネスとして成り立ちにくい。懸念されるのは，一過性のビジネスとして収益を上げるため，環境汚染対策なく行われることである。いわゆる環境コストを支払わないエコダンピングである。しかし，今後経済が拡大していくには資源調達は極めて重要な国家戦略であり，世界中の資源が減少していく中で，国内及び国際的な流通を利用したリサイクルはその重要な手段といえよう。

②　循環経済廃棄物法

国際的にリサイクルを推進させた法政策として大きなインセンティブとなったのは，ドイツで1996年10月に施行された「循環経済の促進及び廃棄物の環境保全上の適正処理の確保に関する法律」（略称：循環経済廃棄物法）である。

当該法律は，廃棄物の減量化を再利用可能性から追求し，エネルギーの利用などまで規定の範囲に含まれている。また，製品の研究開発段階から生産，販売まで視野に入れ，廃棄物の環境汚染リスクを極力減らそうとした内容となっている。特に環境負荷に対する製造物責任を定めたことで世界的に注目された。このドイツの動向は，欧州や日本をはじめ多くの先進国の法政策に影響を与えた。

廃棄物管理上の処理の優先順位は1991年より，①発生回避，②再利用，③処分としており，再利用においてもサーマルリサイクルよりマテリアルリサイクルを優先することを定めている。また，製造物の廃棄段階の費用までメーカーが負担することとなり，高いコストが必要とされるマテリアルリサイクルの義務づけは，製品の設計段階からの再検討を余儀なくしており，製

図 I-6 ドイツ・デュッセルドルフ郊外マテリアルリサイクル会社

写真の工場は，最初は自動車解体業を行っていたが，循環経済廃棄物法の施行以来業務を拡大し，自動車解体以外にも，廃家電，解体建築物，空き缶，電線などから，白金等貴金属，銅，アルミニウムなど非鉄金属，各種ステンレス鋼などを回収し販売している。回収物に含まれる物質（廃棄物資源）のヴァージン資源の国際市場価格を常にモニタリングしており，高額になった時期を見計らって順次販売を行っている。銅，亜鉛，鉛は，英国・ロンドンメタル取引所で日々決められているが，近年は中国の需要によっても価格が変動している。

品のLCAが非常に重要になってきている。

ドイツは，人口が分散しており，NRW州（ノルトラインウェストファーレン州）など山岳地域がないところでは，新たな廃棄物処理場の場所がなく，廃棄物処理場設置の際の厳しい安全技術基準（廃棄物技術指針：TASi）が定められたことから，マテリアルリサイクル推進が強制的に進められた。有害物質を含有するリサイクルしづらい製品は次第に市場から撤退している。これは世界的な動向となっており，漸次広がりつつあるが，産業革命以後200年以上かけて効率化されたヴァージン資源からの生産方式は早急には転換されていないのが現実である。対して，マテリアルリサイクルは分離，再生がいまだ十分に効率化されている現状ではなく，人による分離の部分が多い廃棄物資源は人件費が安価な国へ輸出されている。マテリアルリサイクルが進むドイツにおいても，人による分離等の作業が必要な廃棄物資源は，途上国へ輸出されている。

(5) 国際的な取り組みへ

① 開発と環境破壊

経済は大きな修正時期に入っている。ほとんど考慮されてこなかった環境保全，資源枯渇の要因をシステムに組み込まなければならなくなっている。

資源の枯渇と環境破壊は，今後ますます深刻となることが予想される。現状のままでの生産，消費を続けていくと，人類の持続可能な発展は極めて困難である。生活レベルをなるべく低下させず，安全な生活を維持するには，単位資源量当たりのサービス量を拡大させ，環境負荷の発生を抑制しなければならない。すなわち，環境効率の向上が必要である。

世界的な資源の供給不足は，すでに国際的な経済に大きな影響を与えており，わが国におけるエネルギーおよび物質資源の安定供給が脅かされている。この原因は，BRIICS諸国をはじめとする全世界で，モノとサービスの需要が飛躍的に拡大しているためである。G７，G20においても重要な課題となっている。

既存の技術は普及後の環境影響まで事前に評価されていないため，問題が発生すると必要に迫られて一時的な対症療法として環境対策が行われている。これら問題の発生は再発防止にあまり役立てられておらず，新たに新興の工業国が出現すると類似した環境汚染が次々と発生している。この例として，日本，台湾，中国へと世界的な生産現場が移り変わっていった様子が参考になる。

②　日本から台湾，そして中国へ

台湾（中華民国）は，1950年以降，当時中国と対立していた米国から軍事および経済支援を受け，急激な経済成長を遂げている。しかし，1960年以降，台湾の国民政府が中国を代表する政権として国際連合に加盟していることに国際的に非難が高まり，1971年に議席を失っている。それにもかかわらず，1970年以降，EU諸国，米国，日本と積極的に貿易を行い，電子部品，コンピュータ関連機器，石油化学関連など多岐にわたる産業が成長した。1973年に国家プロジェクトで重工業が積極的に開発されたため，南部の高雄市をはじめ産業公害が顕著化した。この傾向は，日本が1950～1960年代に悪化した公害の過程と同様な状況であり，経済を優先した結果である。

図Ⅰ-7 **1970年代アジアの工業，農業分野における経済モデルとして発展した台湾**

中心に見えるビルディングは，台北国際金融センター（タイペイ101：101階，地上508メートル，地下５階）で2006年当時世界で最も高層だった。その後，中国でさらに高いビルディングの建設が進められた。高層建築物は，外見上の経済成長のシンボルとなっている。物質文明の繁栄，すなわち幻想である。

一方，1971年に台湾に代わって国際連合に加盟した中国（中華人民共和国）は，多くの国と国交を結び，急激に経済が成長した。米国は，1979年に中華人民共和国と正式に国交を回復し，台湾との国交を断絶している。その後，台湾企業をはじめ日本，欧州，米国企業が中国への進出に意欲的となり，世界中から投資が集中している。1990年後半以降，欧州，米国，日本等世界各国へ多くの工業製品が輸出され，世界の工場として市場経済が進んでいる。国内総生産率の成長は，2000年前後は７～８％，2003年以降は２桁成長が続き，2010年にはGDPが世界で第２位の規模に膨れあがった。

しかしながら，環境汚染問題も深刻となり，日本，台湾の経済成長期とまた同じ過程をたどってしまっている。さらに，環境破壊は，経済の拡大と並行して時間とともに地球的規模へと拡大していき，地球環境問題も加わった。中国は，地球温暖化原因物質（二酸化炭素換算）の排出が世界で最も多い国となった（2019年現在）。今後，また生産拠点が国際的に移動していくことが予想され，さらに地球温暖化原因物質の排出が増加する懸念がある。

③ 国際的な秩序

環境汚染の経験から根本的な解決策を進めてこなかったことが負の歴史を繰り返す結果を導き，問題をいっそう複雑化していったといえる。地球を人の体にたとえれば，環境破壊を放置するということは，体の中でガン細胞が拡大していくようなものであり，死ぬまで拡大していくだけである。人類は，知的生物であるはずなので，これだけは回避しなければならない。

「技術」と「経済」をうまく扱い，本来の目的である持続的な人類の繁栄のために役立てなければならない。環境政策の決定について，環境NGO（Environmental Non-Governmental Organization）が発言力を次第に高めてきている。多くの環境汚染の源となっている企業も，受け身ではなく企業サイドで環境保全に関する提案を行っていくべきである。EUでは，すでに自動車関連，電機関連および化学関連の産業界が行政へ積極的な提案を行う傾向が見られる。

注目されるものに，国際標準化機構（International Organization for Standardization：以下，ISOとする）が作成した環境規格であるISO14000シリーズが国際的標準規格（モノをつくる標準規格）として世界各国で普及し，生産現場および企業オフィスに環境配慮が浸透してきたことである。その後，ISOでは環境保全に関連する国際規格を次々と発表しており，非法的規範の面から国際的な環境保全に関する秩序を形成しつつある。

しかし，国連気候変動枠組み条約パリ協定や生物多様性条約で行われている各国政府の（経済的利益を求めた）政治的駆け引きは，環境保全の大きな障害となっている。ISO環境認証も，活動が形骸化してしまっては本来の意味がなくなってしまう。環境政策の目的を適宜再確認し，明確な行動目標を策定していかなければならない。

I.3 ライフサイクル・アセスメント

(1) 汚染履歴

① 基本情報

LCAは，製品について，原料採取の段階から移動，生産，消費，廃棄処理処分（リサイクル，埋め立てなど）の全行程で生じる環境負荷全体を算出するものである。一般的には，“Life Cycle Assessment”を意味するが，“Life Cycle Analysis”を示す場合もある。

LCAに基づいて各段階のコストを計算し，環境負荷をコストで算出する手法もあり，LCC（Life Cycle Costing）といわれる。環境政策では，環境負荷量全体を計算するLCAのデータが重要となるが，経済的な誘導を図る場合，LCCのデータが重要となる。特に企業が経営戦略の一環として自社製品（生産時および消費・廃棄処理処分）の環境負荷低減を考える場合，LCCの正確な情報が必要となる。LCCデータは，環境会計の検討の際にも重要な指標となる。

また，製品の環境負荷の評価は，販売メーカーのLCA情報だけではなく，製品にかかわるサプライチェーン関連企業でのLCAも含めた情報で行われるようになっており，LCM（Life Cycle Management）も必要となってきている。下請け企業や協力企業すべてにLCAデータの提出を新たに要求しなければならなくなっている。サプライチェーンマネジメントの中で十分に理解を得ていかなければならない。また，LCAができる企業とできない企業で格差が生じていくことは避けられない。

②　LCA手法

LCAにおける評価の基本的な4つのステップは，1990年代より一般化してきており，次に示す内容となっている（引用：産業環境管理協会「ライフサイクルアセスメント［インベントリーのガイドラインとその原則］―米国環境保護庁（EPA）作成編集―」(1994))。

①　目標設定と範囲設定：LCAを行う以上自明と思われることであるが，目的をどこにもっていくか，対象をどこに広げるかによって，考慮すべきデータの量・制度に大きく影響するために，第1ステップとされている。
②　インベントリー分析：ライフサイクルの各段階における出入力データベースをいう。具体的には，入力としてエネルギー（電力量，熱量等）および物質（原料），出力としてエネルギー（電力量，熱量，動力，騒音・振動等），物質（製品，半製品，副産物，汚染物質，排気物質，廃棄物等）がある。
③　影響評価：インベントリー分析によって判明した出力を生態学的影響，地球温暖化，オゾン層破壊，発ガン性等の負荷量として客観的に評価する。
④　改善評価：インベントリー分析および影響評価から，負荷量の大きなステージについて負荷量を低減する方策を考え，その方策を採ったことにより負荷量がどのように低減したかを評価する。

LCAは，製品の各部品の成分やその性質など多くの環境負荷に関する情報を必要としており，まず調達品を構成する物質について種類を把握することから行わなければならない。理想的には，製品の一生の総合的な環境負荷を評価できることが必要であるが，現状では一物質のみの特定の環境負荷に関する計算だけでも困難を要している。また，地球温暖化原因物質の排出量，生態系への影響など複数の検討が重なると，それらをどのように比較し，どのように定量評価するのか，解はなかなか見えてこない。

⑵ LCAに基づく政策

① 人類の総活動量の増加

資源の枯渇は，必ず発生することであり，現在の莫大な資源消費は，一時的な繁栄に過ぎない。大量に資源を消費することが裕福になるという，この価値観はなかなか変化することはない。

現在の価値観を保ったまま，環境への負荷を減少させる方法として，環境効率の向上や資源生産性の向上といった視点が考え出され，モノやサービスについてLCAが行われている。これは，人類の現状維持のための方法ともいえる。人間活動の究極の目標は，自然の循環システムの中にすべてが含まれ，消費と再生が繰り返されることである。自然を破壊しながら，自然の循環システムを目標としているため，さまざまに矛盾が生じてくる。そもそも人間活動で発生した廃棄物は，少量ならば自然浄化作用の中で処理されてきたものである。しかし，自然の浄化作用は，自然のサイクルから外れたわずかな変化をゆっくりと修正するシステムなので，自然の物質循環から外れた大量の人為的に発生した廃棄物を処理するものではない。

人類の人口の急激な増加と１人当たりの活動量の増加は，大気，水質（液体），固形の廃棄物を爆発的に増加させており，資源から廃棄物への一方通行の流れを加速している。前述のように廃棄物は，健康被害を含む環境汚染問題を発生させるため，多くの人が嫌う厄介者として遠ざけられている。英国では，NIMBY（Not In My Backyard Syndrome）をも発生させ，社会問題となった。自分の近くに不要な廃棄物を寄せ付けたくないのは，非常に多くの人が共通に抱いている感情であろう。

わが国でも同様で，廃棄物処理場は迷惑施設とされ，人類の繁栄の後始末施設として嫌われ者になっている。建設場所にされた地域は，猛烈な反対運動が起きている。華やかな物質文明とは全く逆な存在であるため，地域による不平等が生まれている。しかし，自然の循環を考えないまま発展してきた

図Ⅰ-8　資源消費の拡大による廃棄物の増加　その対策

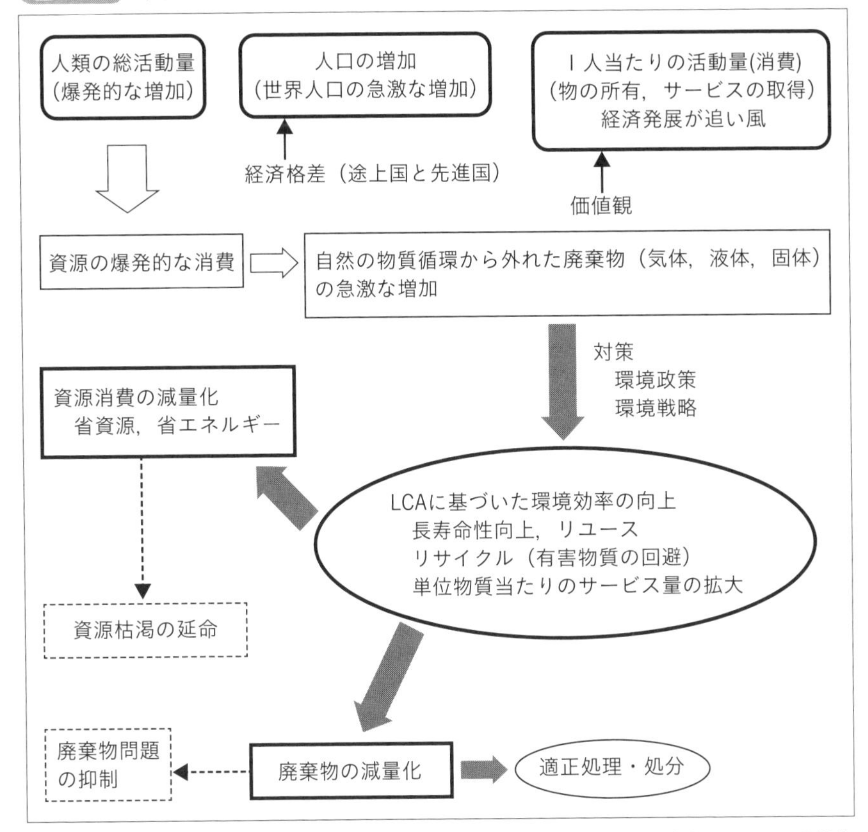

※環境効率の向上により，資源消費量が抑制され，資源の枯渇が延命化される。理想的には，人工物すべてが自然の物質循環に含まれることが望まれるが，現在の科学技術および社会システムにおいては不可能である。もしも，人間活動すべてが，自然循環システムに含まれれば，環境効率は無限大となる。

※対策においてLCAによる検討が不十分な場合，却って問題を複雑化する。例えば，バイオ燃料の使用拡大によって，単純に廃棄物（気体廃棄物：二酸化炭素［地球温暖化原因物質］）を減少させ，化石燃料の減量化を図っても，バイオ燃料の原料を作る農地を拡大するために大量の森林を伐採（森林シンクの減少）したり，食料価格の高騰および途上国における食糧不足など新たな問題を発生させている。

科学技術は，経済的なメリットの追求を最優先したため，社会的にデメリットな存在である廃棄物処理・処分を優先度が低いものとして後回しにしてきた。

図 I-9　フランス・パリ市のゴミ収集車（一般廃棄物を回収するパッカー車）

世界中の人々が憧れるパリ市内も自然の循環から外れてしまった一般廃棄物が大量に排出される。日本の一般廃棄物と同様に，パッカー車が狭い路地を走り回り回収が行われている。廃棄物は世界中で，厄介者として人々の目から遠ざけられ，環境中にストックされていく。廃棄物は，世界中から掘り出された資源の最終的な姿である。

②　人口と環境負荷

別途ここで考慮すべき点として，特定地域で人口の増加が激しいことがあげられる。特に途上国でこの傾向が大きい。また，人類の総活動量も，地域によって大きく異なっており，特に先進諸国では１人の活動量が大きい。欧州やわが国の少子化は，総活動量を減少させるため，資源の消費が抑制され，廃棄物の減少が期待できる。

しかし，わが国では，将来の労働人口減少などを十分に考慮できなかった経済政策の失敗から年金など福祉が行き詰まり，経済活性化がこれからの問題とされている。環境保全を配慮しない経済政策が行われることが懸念される。

他方，途上国の人口が爆発的に増加する要因は，将来に対する生活の不安，すなわち福祉が不十分なことが大きな要因とされている。さらに経済格差がそれに追い打ちをかけている。途上国では，不衛生に基づく伝染病などの防止対策と並行して，環境配慮を持った経済発展が望まれる。人口が増加し，経済も拡大しているBRICs（または，BRIICS）諸国においては，国内市場も拡大し廃棄物の排出量も急激に増加すると予想される。廃棄物処理の適切な社会的システムを構築しておかなければ，巨大化した社会的コストが，将来の大きな経済的な負担となるだろう。

(3) 廃棄物処理の転換

① 資源から得られるサービスの最大化

今後資源のサービスを最大限に使い，廃棄物を最小限にする社会への変化が必然的に進むと考えられる。さらにインバース（inverse）生産の部分も整備する必要がある。環境政策上，資源循環型社会への誘導は適宜進められており，国際的に行われている一般的な動向である。将来を考えていない現在のような一方通行的（不可逆的な）な資源の利用には，持続性はない。

人類は，大量生産を行う前は，世の中にあまり存在していない人工物をなるべく長く利用することを常に行っていた。すなわち，モノのサービス量を最大にすることを心がけていた。「もったいない」という言葉は，この慣習の中から生まれてきたと考えられる。人工物は，修理修繕などを行ってなるべく長く利用し，その後は可能な限りリユースを行うことがごく自然であった。

資源が少ないとリサイクルが最優先される。この背景には，モノの値段が高価だったことがあり，単位額当たりの「モノ」から得られるサービス量を最大限に誘導したと考えられる。いわゆる経済的な誘導が働いていた。しかし，大量生産によって安価になったモノは，収集，回収，再生など面倒なこ

図 Ⅰ-10　廃製品から分離されたマテリアルリサイクル材料（ドイツ・ケルン近郊）

ドイツの廃棄物回収・分離業者のストックヤードの風景である。手前のケースには，バッテリー，その後ろには，タイヤ用アルミホイール，写真には写っていないが，奥には，鉄線，モーター，電線（銅，アルミニウム），サイコロ状に圧縮された空き缶（鉄）などがストックされている。廃棄物貯蔵場ではなく資源貯蔵場である。

とはされなくなり，むしろマテリアルリサイクルのほうが高価になった。短命でリユース・リサイクルされないモノが増加したことと，所有はされるがあまり使用しない無駄なモノが急激に増えたことから，製品のサービス量は，急激に減少している。

② ナイーブな人工的物質循環

世界の人口増加と，消費・設備投資・公共投資（箱モノ投資など）に基づく経済の拡大は，この傾向を強く後押ししている。この一般的な社会的動向と逆行するリサイクルを廃棄物処理において行うことは，極めて困難といえる。単純に考えると，モノの値段が上がることがリサイクル，長寿命性，リユースを活性化させることになるが，モノの値段が下落すると簡単に元に戻ってしまう。一般には，資源の少し先の枯渇より，目の前の消費の抑制やモノの高騰のほうが注目されている。ガソリンの高騰や値下げではこの動向が顕著に表れている。もっとも，この問題には政治的または特定の企業，業界，国，人の利害が複雑に絡み合っているので，環境面からだけで単純に考えることはできない。

また，リサイクルを優先させても，モノのサービス量が減少してしまうと本末転倒の状態に陥ることもある。サーマルリサイクルまたは何らかのマテリアルリサイクル優先して，製品の寿命を短くしたり，回収・再生に多くのエネルギーを消費したりすると，むしろ環境負荷総量は増加する。また，マテリアルリサイクルで無駄なモノを製造し，燃焼時にダイオキシン類（800℃以下で燃焼）などを発生させては，環境中の環境負荷をますます増加させる。

LCAに基づいた製品の環境効率（または，資源生産性）を十分に検討する必要がある。わが国には，世界各国に部品を提供している企業が多いことから，受注先企業から管理される場合も想定して自社製品の国際的な物質管理（環境責任）は今後極めて重要になってくるだろう。国際的に自動車業界が行っているIMDS（International Material Data System）[注4]は，複数の業界に広がっていくと考えられる。しかし，拡大生産者責任までには至っておらず，現実には廃棄物のマテリアルリサイクル工程は，分別，分離コスト（人件費）が安価な国へ運び出されている。

【注】

（注1） 産業廃棄物は，「廃棄物の処理及び清掃に関する法律」第2条4項1号に基づき，事業活動で伴って生じた廃棄物のうち法施行令第2条で定めている「1．紙くず，2．木くず，3．繊維くず，4．動植物に係る残渣（固形状の不要物），5．ゴムくず，6．金属くず，7．ガラスくず，コンクリートくず及び陶磁器くず，8．鉱さい，9．工作物の新築，改築又は除去に伴って生じたコンクリートの破片その他これに類する不要物，10．動物のふん尿，11．動物の死体，12．ばいじん，13．燃え殻，14．汚泥，15．廃油，16．廃酸，17．廃アルカリ，18．廃プラスチック，及び19．前記産業廃棄物を処分するために処理したもの」，並びに2号で定めている「輸入された廃棄物」のことと定められている。

（注2） 1998年3月に厚生省（現　厚生労働省）生活衛生局水道環境部長から各都道府県知事・政令市市長あて通知された「一般廃棄物の溶融固化物の再生利用の実施の促進について」（平成10年3月26日付け生衛発第508号）で，溶融固化技術の普及による一般廃棄物の減量化が図られた。溶融固化とは，「一般廃棄物の溶融固化物の再生利用に関する指針」によると「燃焼熱や電気から得られた熱エネルギー等により，焼却灰等の廃棄物を加熱（1,200℃以上の温度）し，超高温条件下で有機物を燃焼，ガス化させるとともに，無機物を溶融した後に冷却してガラス質の固化物（溶融固化物）とする技術」とされ，その有効性として，重金属の溶出防止およびダイオキシン類の分解・削減があげられている。

市町村が溶融固化した溶融固化物は，当該指針の目標基準（表Ⅰ－2参照）に適合するもの（目標基準適合溶融固化物）について「市町村が自ら発注した公共建設工事において利用される場合には，当該利用は廃棄物の処分に該当するものではないとして差し支えない」と定められ，一般廃棄物ではないこととなった。

表Ⅰ-2 一般廃棄物の溶融固化物に係る目標基準

項目	溶出基準
カドミウム	0.01mg／l以下
鉛	0.01mg／l以下
六価クロム	0.05mg／l以下
砒素	0.01mg／l以下
総水銀	0.0005mg／l以下
セレン	0.01mg／l以下

（注3） 路盤材などには，以前に炭鉱で排出された「ぼた（石炭採掘時に発生する珪化木などシリカを多く含み石炭とならないもの）」などが使われていたが，現在ではほとんど使い尽くしてしまっていたため，一般廃棄物溶融固化物はこの代替品となった。

（注4） IMDSとは，自動車部品に含有される化学物質の種類と量（組成比）および部品の重量などについて，供給者が提出した情報を収集している国際的なデータベースシステムのことである。情報の登録および出力は，2000年6月からインターネット経由で実施されており，ホストコンピュータはドイツに置かれている。

第Ⅱ部

地球環境変化と適応

概 要

人為的な環境破壊は，不可逆的な変化を生じてきており，人類はこの変化に適応しなければ生存できなくなってきている。生態系を人為的に作ることは不可能であり，現在ある生態系を持続可能に維持していかなければならない。

第Ⅱ部では，地球環境の変化に注目し，現状を踏まえた適応を考える。

Keyword

バックミンスター・フラー，アドレー・スティーブンソン，環境効率，グリーン経済，SDGs，省エネルギー法，非化石エネルギー法，再生可能エネルギー特別措置法，生物多様性，カルタヘナ議定書，鳥獣保護管理法，マイクロプラスチック

Ⅱ.1　人為的な地球環境の変化抑制

(1)　自然の変化（超長期的）と人為的変化（超短期的）

①　自然の法則

環境問題は，自然科学の法則に基づいて発生する。自然を人類の都合に従って操作することは極めて難しく，ドラスティックに反応（変化）は進んでいく。100年に一度起きる災害を防止する施設を無駄とするか，毎日の生活にあふれているモノとサービスを無駄とするかは，人の価値観で大きく変わる。この価値観も社会的な状況や環境に関する知見，または固定観念でさまざまに異なり，環境政策を計画するうえで最も解析が困難な事柄である。

災害が再来する期間が長くなるほど被害が大きくなるため，対策を怠ると大惨事となることがある。オゾン層破壊による紫外線被害は，高緯度地域にアレルギー，白内障，皮膚がんが発生したため，「オゾン層の保護のためのウィーン条約（Vienna Convention for the Protection of the Ozone Layer）」（1985年採択）が1988年に発効し，「オゾン層を破壊する物質に関するモントリオール議定書（Montreal Protocol on Substances that Deplete the Ozone Layer）」（1987年に採択）が1989年に発効した。この条約に従い，フロン類，ハロン類などオゾン層破壊物質の生産・使用禁止が法令で定められ全廃されている。

対して，地球温暖化に関しては，気候変動など被害との関係が科学的に理解しがたいこと，長期間を経て影響が現れていることおよび地球温暖化原因物質削減が多くの産業へ大きな負担となることから，対策はあまり進んでいない。「国連気候変動に関する枠組み条約（United Nations Framework Convention on Climate Change）」（1992年採択［5月に国連総会で採択，6

月開催「国連環境と開発に関する会議」から署名開始：当初155ヵ国]）は1994年に発効されたが，地球温暖化原因物質の国際的な削減を定めた「気候変動に関する国際連合枠組条約の京都議定書（Kyoto Protocol to United Nations Framework Convention on Climate）」（1997年採択）は，ロシアなど国際的な対立から2005年とかなり遅れて発効となった。しかし，失敗に終わっている。

②　宇宙船地球号

建築家のバックミンスター・フラー（Richard Buckminster Fuller）は，閉じた世界で人工的に地球を創ることをコンセプトにして考えたジオデシック・ドーム（正十二面体または正二十面体のドーム）を1947年に考案し，その後宇宙船地球号の概念を提唱した。しかし，人工的に地球を創ろうとする試みはこれまでいずれも失敗している。すなわち，人類は地球上であっても独自に生態系を創ることはできない（2019年現在）。現在の自然科学は，地球，宇宙のシステムのいまだほんの一部しか解明しておらず，人類が地球以外で生存していくことは現在のところ不可能に近い。

アドレー・スティーブンソン（Adlai Ewing Stevenson Ⅱ）(注1) 米国国連大使（当時）は，1965年にスイス・ジュネーブで開催された国連経済社会理事会で，「この小さな宇宙船の乗客である私たちは，脆弱な空気と土に依存し，治安と平和に皆の安全を委ね，この脆い地球を配慮と努力，そして愛によって絶滅から救い，共に旅をしている」と演説し，「地球船宇宙号」の概念を世界に広げた。

ローマクラブは資源消費の有限性に問題意識を持ち，MIT（マサチューセッツ工科大学）のデニス・メドウズらに研究委託し，その成果報告である「成長の限界」を1972年に発表している。この研究結果では，経済成長が幾何級数的に続くと環境汚染，資源の枯渇，食糧不足などで近い将来人類は破局を迎えることが結論づけられている。MITのシミュレーション結果が正しければ，隔離された宇宙船地球号がイースター島のようなコモンズの悲劇を再現する心配を抱かせる。

(2) 国際会議

① かけがえのない地球

科学技術の発展により世界各地で環境汚染問題が深刻となってきた1950年代以降，環境汚染により人類の生存が危ぶまれてきている。他方，核爆弾の実験が次々と行われ，核分裂による原子爆弾から，さらに強烈な威力を持つ核融合による水素爆弾が造られ，地球上の生物全体が死滅する量の核爆弾が国連安全保障理事国に保有される事態になっている。また，人口が急激に増加し，人間活動の拡大が乗ぜられ，さらに時間の経過で積分された値となり，環境の変化が自然浄化されず不可逆的となっていることが感覚的にも感じられるようになってきた。

このような現状を踏まえて，多くの国で同じ問題意識を持ち，世界で初めて環境保全に関する国際会議が行われている。1972年にスウェーデンのストックホルムで開催された「国連人間環境会議（United Nations Conference on the Human Environment：以下，UNCHEとする）」である。この会議のスローガンとして，前述の「宇宙船地球号」や「かけがえのない地球」が誕生している。その後，1980年に人類の環境保全の基本的考え方である「持続可能な開発」がUNEP（United Nations Environment Programme：国連環境計画），WWF（World Wildlife Fund：世界自然保護基金），IUCN（International Union for Conservation of Nature and Natural Resources：国際自然保護連合）共同で発表した「世界環境戦略（World Conservation Strategy）」で提唱された。

しかし，途上国の産業発展のために多くの融資および投資を行い，多くの債権を持つ先進国と債務で苦しむ途上国は，経済的な支援などをめぐって常に対立する。そもそも対象とする環境問題に関して，途上国は安全な飲み水の確保など衛生問題，先進国は工業や交通，生活排出物など公害問題であったため，問題意識が異なっていた。経済発展を目指す途上国にとって，環境保全が自由な行動を妨げるものと捉える傾向が強い。

その後環境問題は，地域環境または国内問題から地球環境へと拡大していく。日本は深刻になった国内環境問題にいち早く対処したにもかかわらず，国際的な環境破壊に目を向け出すのは欧米より10年以上遅れる。環境影響評価に関する法律を制定するのも十数年遅れる。わが国は短期的に現れた汚染被害の再発防止は対処したが，長期的視点を持った環境問題や汚染防止のための事前評価，予防といった対応には消極的である。経済成長に環境保全が必要であるといった「持続的可能な開発」の意識は低い。

国連では，国連の開発と環境に関する世界委員会（World Commission on Environment and Development：WCED）で議論が進み，1987年にブルントラント報告で「持続可能な開発」の必要性を世界に訴えている。

②　持続可能な開発

1992年には，「持続可能な開発」をテーマとして，ブラジルのリオデジャネイロで環境サミットである「国連環境と開発に関する会議（United Nations Conference on Environment and Development：以下，UNCEDとする）」が開催されている。ブラジルは多民族国家で，多くの国でさまざまな考え方がある環境問題を議論する場としてふさわしいとされた。この会議で，「国連気候変動枠組み条約」および「生物の多様性に関する条約」に署名が行われている。その10年後の2002年には，南アフリカ共和国のヨハネスブルグで「リオ＋10」が開催され，「持続可能な開発」に対する各国の進捗状況を確認している。この年の12月に「持続可能な開発のための教育（Education for Sustainable Development：ESD）」が採択され，環境教育に関する取り組みも積極的に進められることとなった。

2012年には，「国連持続可能な開発会議（United Nations Conference on Sustainable Development：以下，UNCSDとする），リオ＋20とも呼ばれる」が再度リオデジャネイロで開催されている。ブラジルは1992年は途上国であったが，このときには工業新興国となり経済成長が著しかった。また，当時すでに世界で第２位のGDPを誇った中国が途上国の中心的な存在となり，先進国との対立の構造が変化した。中国は自らを大きな途上国と述べ，先進国とは異なることを示した。ただし，中国も先進国と同様に途上国に大きな債権を持っており，これまでの先進国といわれた国々との関係がさらに複雑となった。

この会議で注目すべきことは，「持続可能な開発及び貧困根絶の文脈におけるグリーン経済（グリーン経済）」が深く議論され，企業がWBCSD（The World Business Council for Sustainable Development：持続可能な発展のための世界経済人会議）が提唱する「環境効率」（概念式：製品またはサービスの価値／環境負荷［環境影響］）を経営戦略上で捉え出したことである。この考え方からESG経営，ESG投資へと拡大していく。そして，「持続可能な開発目標（Sustainable Development Goals）：以下，SDGsとする」を2015年までに策定することに合意を得た。

SDGsは，2016年に発効し，2030年への目標を定めている。貧困撲滅や社会福祉を中心に2001年から2015年を目標に実施された「ミレニアム開発目標（Millennium Development Goals：以下，MDGsとする）を受け継ぐかたちで行われている。UNCSDでわが国やブータンなどが新たに提案したGDPに変わる豊かさの指標「幸福度」は，途上国から経済成長の足かせになるとの理由から採択文書から削除された。依然，先進国と途上国との確執が顕著となり，MDGsから続く途上国の先進国に対する相対的向上のあり方が重要といえる。

また，人類へ「モノ」と「サービス」のほとんどを提供する企業が，持続可能な経営へ大きく舵を取らなければならない。短期的利益から中長期的利益の戦略を持つ必要がある。

③ 中長期的視点

東日本大震災で証明されたように自然のエネルギーは巨大であり，短時間で人類が作り上げた多くの建築物などを破壊してしまう。さらに人類に大きな電力を供給していた原子力発電は十分な科学的な知見がなく操業していたことが明白となった。原子力発電所は津波で制御不能となり，莫大なエネルギーによって大災害を発生させている。福島原子力発電所事故やチェルノブイリ原子力発電所の事故での放射性物質で汚染された環境は，長期間を要しても改善することができないことが明らかになっている。放射性物質により汚染された地域は，容易には浄化できない。

高速道路では，走行車線より追い越し車線を走っている自動車のほうがスピードを出しているにもかかわらず車間が狭く，マナーがない運転をしている者が目立つ。注意しなければならない者のほうがリスクに対して無知である。自動車で先を急ぐ車のように経済成長を進めると，そのリスクに対しても無知になっている。環境リスクに対しては特に不注意になっている場合が多い。

地域または地球環境問題については，すでに影響が出ている場合が多く，被害が大きくなる前にその対処をしなければならない。いわゆる環境変化で変わってしまった自然に適応し，環境リスクを最小限にとどめることが必要である。大きな被害が発生する前に国際的に対策に取り組まないと，人類の持続性は失われるだろう。自国優先，自分優先が当たり前になってしまうと，周りに迷惑となり，限度をひどく超えてくると悲劇が生まれる。１人は人類全体のために，人類は１人のために存在し，誰１人も残さない福祉が国際的に望まれている。

SDGsは，15年後への目標と短期間での行動が要求されているが，まず内容を理解したうえで社会的なコンセンサスを得なければならない。地球温暖化やオゾン層破壊は，自然からみると極めて速いスピードで環境変化を及ぼしているが，人の短期的経済成長に傾倒する固定観念は容易には変えることはできない。

Ⅱ.2 地球温暖化

(1) 環境リスク

① 氷河時代の中にある現在

気候変動に関しては，自然のシステムがあまりにも複雑で規模が大きく，また数十年から数億年といった期間での解析が必要である。その原因や影響については不確実なところが多い。約46億年前に誕生した地球は，最初の約5億年はマグマの海となっており岩石の記録がない。その後，41億年をかけて生態系を持つ地球へと変化した。

地球温暖化と大きな関わりがあるのは，地球が現在氷河時代であることである。164万年前から氷河時代（新生代　第四紀のはじめ）が始まり，その後数万年ごとに氷河期が繰り返されている。地上に生息していた生物は，これら異変のたびに大きな危険にさらされてきている。太陽からの距離がわずかに変化したり，地球の傾きや微妙な軸のゆれで日射量が減少し，氷河期になると考えられている。

最後の氷河期は約１万年前に終わり，現在は次の氷河期までの間氷河期であるとされている。約１万2000年～２万年前には，地球上の多くの水分が氷河となっていたため，海面が120メートル以上低下していたと考えられている。その結果，陸地は現在より広く，日本は樺太，シベリア，朝鮮半島と陸続きだった。

② 地球温暖化の研究

19世紀はじめにJ.B.ジョゼフ・フーリエ（Jean Baptiste Joseph Fourier）が，地球を取り巻く大気が赤外線の一部を吸収することによって温暖化していることを確認し，その後も観測・研究が進んだ。1967年にはマサチューセッツ工科大学（Massachusetts Institute of Technology：MIT）が，二酸化炭素増加による地球温暖化が気候変動の原因である可能性を示した。

そして1980年と1988年に米国を襲った熱波が，地球温暖化に対する世論を急激に高めた。問題に対処するために，1988年にカナダのトロントで「変化しつつある大気圏に関する国際会議」が開催され，それ以降地球温暖化が気候変動の原因であることがほぼ国際的にコンセンサスを得られた。なお，1980年代頃までは，次の氷河期が近づいていることから，地球は寒冷化しており気候変動が発生しているという学説が有力視されていた。

地球温暖化が国際的コンセンサスを得たことから，気候変動の原因と影響を（自然および社会）科学的に解明するためにWMO（World Meteorological Organization：世界気候機関）とUNEPの指導のもとに，「気候変動に関する政府間パネル（Intergovernmental Panel on Climate Change；以下IPCCとする）」が設置された。2001年４月に発表されたIPCC第三次報告書以降，2100年には1990年に比べ世界の平均気温が数度上昇することが科学的に予測されており，１万年前の氷河期より現在は数度気温が上昇したことを考えると，気候が大きく変化することは容易に予想できる。その後のIPCCの報告でも気温上昇が示されており，その科学的根拠が高まってきている。

③　原因物質

地球の大気中で温室効果（greenhouse effect）を示す最も大きな物質は水蒸気であり，地球温暖化の80～90％，または97％の効果を占めていると考えられている。ただし，いまだ科学的に正確な解析はなされていない。

なお，温室効果とは，地球に照射された太陽光が地上から熱放射された際に大気中に吸収される現象をいい，地球温暖化原因ガスは温室効果ガス（Green House Gas：GHG）ともいわれる。京都議定書では，温室効果ガスを，①二酸化炭素（carbon dioxide：CO_2），②メタン（Methane：CH_4），③亜酸化窒素［または，酸化二窒素］（nitrous oxide：N_2O），④ハイドロフルオロカーボン類（hydrofluorocarbons：HFCs），⑤パーフルオロカーボン類（perfluorocarbons：PFCs），⑥六フッ素イオウ（sulfur hexafluoride：SF_6）の6物質と定めている。

フロン類（CFC類）やHCFC類，ハロン類（消火剤などに使われる臭素化合物）も人為的に放出される温室効果が高い化学物質であるが，すでに「オゾン層の保護のためのウィーン条約（Vienna Convention for the Protection of the Ozone Layer）：以下，ウィーン条約とする」（1985年3月採択，1988年9月発効）に基づく「オゾン層破壊物質に関するモントリオール議定書（Montreal Protocol on Substances Deplete the Ozone Layer）：以下，モントリオール議定書とする」（1987年9月採択，1989年1月発効）で規制されているため，京都議定書の規制化学物質からは除かれた（当該物質は，種類によって1994年から2020年までに使用・生産の全廃が定められた。なお，途上国は社会事情を考慮して例外的に規制スケジュールが後倒しされている）。また，赤外線（熱）を吸収する（地球を温暖化する原因）物質は，他にも多数存在している。

なお，フロン類より数千倍の温室効果があるHFC類（hydrofluorocarbons）に関しては，早急に生産・使用の削減が必要なため，2016年10月に開催された「モントリオール議定書」の第28回締約国会合でHFC類を対象物質に追加し，段階的に生産および消費を削減する規制追加（議定書改正）が採択されている。

④　慢性的影響へのリスク認識

人類によってオゾン層が大きく損傷を受けたことは，科学的に証明されて国際的なコンセンサスを得ており，破壊原因物質は生産・使用の全廃が行われた。フロン類の密輸や無処理放出など違法な経済活動の逆風はあるものの，少しずつ改善に向かっている。しかし，地球温暖化防止に関しては，国際的な利害関係からコンセンサスを得るのは難しい状況である。京都議定書で規制対象となったIIFC類（注2）は，フロン類の代替品として開発され世界中に普及したものである。

注意すべきことは，人類が環境変化はいずれ元に戻る（自然に浄化される）と思っていることである。地球は有限であり無限ではないことを理解していない人が極めて多い。絶滅に瀕する漁猟される魚であっても，食している者たちは猟禁止に反対し，魚の短期的な安定供給を優先する。まぐろや複数の魚に関して絶滅のリスクが高まっている。他の狩猟でも同様である。鉱物，化石燃料など自然資源も枯渇する寸前まで採り続け消費し続ける。いわゆるコモンズの悲劇である。ある日突然供給が途絶える。

わが国は，原子力発電所が事故を起こすまで使い続け，リスクに気がついたときに突然電力供給が不安定になる経験をしている。しかし，経済力があったことから毎日莫大な損失があっても電力供給を行っている。もし経済力がなかった場合，さらに悲惨な非常事態になっていたと考えられる。多くの国民は，原子力発電所への不満とともに，電力が安定供給（サービス量の維持）されることを要求した。すでに電力で便利になった生活が当たり前と思い込み，非常に高いリスクで成立していた状況であったことへの反省はない。サービス量を減少させ我慢することはあまり望めない。

公害問題で，汚染物質を垂れ流していた企業とその有害物質を摂取し被害にあった者との争いは，罰則や賠償義務を定めた法令による規制がなければ再発するおそれがある。「割れ窓理論」を活用し社会的秩序を作るにも限界がある。このようなことを踏まえると，「予防」を行うことは極めて困難といえる。加害者の加害行為に対する何らかの明確な被害が証明できなければ，汚染の再発防止は行われる可能性は低い。また，二酸化炭素を排出することが地球温暖化の原因と思っていても，無駄な照明を消すような小さな行為が，地球全体の環境を数十年かけて変化させる小さな要因になっていると考えることは感覚的に困難である。また，浅い科学的知見に基づいた無駄な議論も多い。

環境問題の対処は，「よいこと」をしているわけではなく，被害が発生しないようにするために当然必要なことである。また，人の健康や遠い将来の自然保持は，経済的な価値のみで評価できない。

(2) 「気候変動に関する国際連合枠組み条約」の規制

① 京都議定書

京都議定書とは，1994年３月に発効した「気候変動に関する国連枠組み条約（United Nations Framework Convention on Climate Change； 以下，UNFCCCとする）」に基づき，具体的な規制を定めるために制定された詳細な規定で，UNFCCC締約国間で締結されたものである。正式名称は，「気候変動に関する国際連合枠組条約の京都議定書（Kyoto Protocol to the United Nations Framework Convention on Climate Change)」である。

当該議定書は，1995年３月ドイツのベルリンで開催された第１回締約国会議（COP1－UNFCCC）で，「第３回締約国会議において2000年以降の温室効果ガス排出削減規制の詳細を決める」としたベルリンマンデートに従って，1997年12月に日本の京都で行われた会議で採択された（The 3rd Session of the Conference of Parties to the United Nations Framework Convention on Climate Change；気候変動に関する国際連合枠組み条約第３回締約国会議／COP3－UNFCCC)。この会議には，全世界161ヵ国から約１万人の参加者があった。

議定書の内容に関して各国の利害関係が衝突し，環境団体のロビー活動などがさまざまに行われた。かろうじて採択されたが，2001年には自国のみの利益を優先した米国ブッシュ政権が京都議定書の不支持を表明し，複数の国が議定書から脱退した。その後，この規制システムによる大きな利益を模索していたロシアが2004年11月に批准したことで，2005年１月に批准国が135ヵ国と１機関（European Union：EU）に達し，2005年２月にようやく発効した（わが国は，2002年５月に国会承認，受託書寄託を行い批准している)。

②　目に見える被害

議定書に不参加を示していたオーストラリアは，気候変動によって自国の農業分野に大きな経済的被害があったことから議定書参加への世論が高まり，2007年に反対の姿勢から賛成に転換し議定書に批准している。気候変動による現実的な被害は，今後も次々と起こる可能性があり，経済的な被害が大きくなると国際的関心も一層高まっていくことが予想される。しかし，米国等が京都議定書に不参加であることから，議定書に関した議論はUNFCCC締約国間の会議（Conference of the Parties：以下，COPとする）ではなく，批准国間での会議であるMOP（Meeting of the Parties）で行われている。現在（2019年７月）は，日本，カナダ，ロシアなどが脱退しておりほとんど効力は失われている。

2005年８月に米国を襲ったハリケーン・カトリーナは，ルイジアナ州ニューオリンズの街を水没させ，数十億ドルの経済的損害を発生させた。活気があったニューオリンズの繁華街も破壊されてしまった。カトリーナは，最初はカテゴリー１の比較的小規模なハリケーンだったが，海上での異常な上昇気流によって，カテゴリー５（最大風速78.2メートル／秒）まで大きくなった。地球温暖化によって，このような異常気象が発生することが推測されるが，確証はできない。米国ではこのような災害があったにもかかわらず，京都議定書第一約束期間（2008年～2012年）の削減規制には参加していない。

図Ⅱ-1　突然発生した積乱雲

積乱雲は強い上昇気流によって上空で水蒸気が凍り突然発生する。地球温暖化で多発するとされている。通常，地上から100m上昇するごとに約0.6℃気温が下降するため，地上が30℃でも上空5,000mでは０℃である。気体となって上昇した水が昇華し，氷となって雹が降ってくることもある。上昇気流が大きいと氷は上下し大きくなって重力によって地上に氷の塊となって降下し，大惨事となることもある。

わが国のように，議定書における地球温暖化原因物質削減目標値を遵守できない国は複数ある。中国をはじめ新興国から排出される地球温暖化原因物質の急激な増加は，議定書による効果を著しく低下させている。したがって，京都議定書は失敗である。各国が経済的利益の駆け引きをしている間にも，気候変動は深刻化している。そもそも削減対象国における削減数値（1990年地球温暖化原因物質排出量比削減率）に科学的な根拠はない。根本から見直すべきである。

③ 地球温暖化と産業界

人為的な地球温暖化原因物質の環境放出を国際的に規制している前述の京都議定書では，表Ⅱ-1の産業部門を示しており，ほとんどの産業界が含まれている。

地球的規模で問題となった「オゾン層の破壊」で規制対象となった産業は，フロン類やHCFC類，ハロン類の製造と使用に限定されていたため，代替品および代替方法をある程度絞り込むことができ，積極的に開発された。HCFC類は，HCFC-22のように冷媒として従来より使用されていたものもあったが，フロン類の全廃に対応するために過渡的物質としても使用された。他方，フロン類の代替物質として開発普及したHFC類は，前述のように地球温暖化原因物質として京都議定書の規制対象物質となってしまった。フロン類の冷媒の代替品として冷蔵庫･冷凍庫に使用していたHFC-134a（R134a）は，地球温暖化係数が1,300もある。その後，イソブタン（R600a）や二酸化炭素などに代替された。電機メーカーの関連会社は莫大な数が存在するため，中にはこの変化に対処できず倒産する会社も発生している。

京都議定書では経済的な誘導等を取り入れ，地球温暖化原因物質に幅を持たせ京都メカニズム（注3）など対処もなされている。森林などによる二酸化炭素の吸収（森林シンク）も削減目標に算入することが認められ，森林保護は生物多様性保護としても機能した。しかし，「電気事業者による再生可能エネルギー電気の調達に関する特別措置法」（2011年制定，2012年施行）に

表Ⅱ-1　京都議定書に示された地球温暖化原因物質の発生源と産業部門等

発生源	産業部門等	
エネルギー	燃料の燃焼	エネルギー産業 製造業および建設 運輸 その他部門
	その他	燃料の漏出 固形燃料 石油および天然ガス その他
工業プロセス	鉱業製品 化学産業 金属生産 その他の生産 炭化水素および六フッ化硫黄の生産 炭化水素および六フッ化硫黄の消費 その他	
溶剤および その他の製品の使用		
農業	家畜の腸内発酵 家畜の糞尿管理 稲作 農業土壌 サバンナの野焼き 農業廃棄物の野焼き その他	
廃棄物	固形廃棄物の埋め立て 下水処理 廃棄物の焼却 その他	

出典：「気候変動に関する国際連合枠組条約の京都議定書 附属書A【対象部門】より

よって売電を目的としたソーラーファームやウィンドファーム建設によって多くの森林が伐採され，再生可能エネルギーによる電力供給によって森林破壊が進んだ。

なお，産業から排出または大気中の二酸化炭素を収集，固化し，地層へ埋める「二酸化炭素隔離・貯留（CCS：Carbon dioxide capture and storage)」

も行われている。地層に埋められた二酸化炭素は約400年で分解する。この他，「二酸化炭素隔離，利用・貯留（CCUS：Carbon dioxide Capture, Utilization and Storage）」も実施されている。人工的な光合成（植物工場など）で二酸化炭素を有機物と酸素に化学変化させるなど研究開発が進められている。工場などからの有害物質排出処理とは異なり，発生源で被害が発生しないため，自社が発生した量の二酸化炭素を処理すれば地球温暖化防止対策となる。すでに二酸化炭素を古い油田に注入し，この圧力で残存する原油を押し出すことも行われている。

④　国際的対処

各国における地球温暖化原因物質排出量の割合は，中国をはじめ工業新興国の発展で大きく異なってきており，途上国の排出が急激に増加している。1972年開催のUNCHEおよび1992年開催のUNCEDで絶えず問題となった先進国と開発途上国の経済格差は，国際的な環境問題解決ための根本的な課題となっており，地球温暖化対策でも同様である。UNCHEで採択された「人間環境宣言」では，「先進工業国は，自らと開発途上国との間の格差を縮めるよう務めなければならない」ことが示され，UNCEDで採択された「環境と開発に関するリオ宣言」では，「各国は共通だが差異ある責任を有する」（先進国に特別に加えられた責任を定めた）と謳われた，「気候変動に関する国連枠組み条約」でも同じ規定が定められている。

１人当たりの二酸化炭素の排出量をみると，米国，ブルネイ，シンガポールなどが極端に高く，経済格差がこのことからでも読み取れる。しかし，日本や欧州では，高い経済レベルであるのに二酸化炭素の排出は米国の約半分である。すなわち，途上国が単純に米国をお手本にし経済発展をすると無駄なエネルギー消費（またはコスト）を生じてしまうが，日本や欧州で進められている省エネルギーや合理的な再生可能エネルギーの導入を行えば，環境負荷を減少できる可能性がある。

また，国全体の排出量では，中国が最も多く，１人当たりの排出量とは異なる。国ごとに地球温暖化原因物質削減量（または削減割合）を定めても公平性を欠き，国際的な目標達成は困難であるといえる。省エネルギー技術の普及が望まれるところであるが，エネルギー政策上の知的財産権（巨額の利益）に関わることから利害関係が大きく，容易に進めることはできない。

⑤　国内の対処

わが国は2005年４月に，1998年に策定された「地球温暖化対策推進大綱」が「京都議定書目標達成計画」に更新されている。この計画には，地球温暖化物質削減のための横断的施策として，①地球温暖化原因物質排出量の算定・報告・公表制度，②事業活動における環境への配慮の促進，③国民運動の展開，④公的機関の率先的取組の基本的事項，⑤サマータイムの導入，が示されている。

その後，炭素税として，2012年10月１日から「地球温暖化対策のための税」が導入されている。すでに施行されている石油石炭税に上乗せのかたちで，2012年から段階的に課税され，二酸化炭素排出量１トン当たり289円が課税された（注４）。炭素税は，欧州をはじめとしてすでに多くの国で導入されており，わが国はかなり遅れての導入となった。この他，国際的に取り組まれている排出権（量）取引など経済的な誘導策導入は，対策の効果が直接理解しにくい環境問題に対して有効と考えられる。また，排出権（量）取引は，酸性雨など大気汚染対策として米国や欧州で普及したもので，発生源の排出濃度規制を中心としてきたわが国にとっては経験が少ない。

他方，燃料電池の燃料源である水素の環境負荷をかけない製造・供給技術の開発および社会システムの整備は，中期的将来に向けて推進する必要がある。光合成または人工的技術による二酸化炭素の分解促進も重要な視点である。また，省エネルギーの促進は，環境負荷低減，エネルギー安定供給の両面で，現状では最も効率的な対策である。火力発電所の炉内をさらに高温にするなど開発も進み，発電効率向上などかなり高い技術に達成しているものもある。しかし，1972年にローマクラブが発表した「成長の限界」で述べているように，技術が発生させた環境汚染を技術で解決することは極めて困難である。普及させる際に，事前の環境影響評価を十分に行い慎重な対応が必要である。

⑥　パリ協定

「京都議定書」では，地球温暖化原因物質の削減義務がないロシアを除くBRIICSの二酸化炭素の大量排出や米国などの不参加などで，目的は果たせなかった。その代替策として，2015年12月に2020年以降の新たな枠組みを定めた「パリ協定」が採択され，翌年11月に発効している。

当該協定では，全加盟国・地域が自主的な削減目標を国連に提出し，達成に向けた自国の対策実施を義務づけた。米国，中国，ロシア，カナダ，日本，EUなど147ヵ国・地域（世界排出量の約86％）が独自にそれぞれの方法で削減する目標を発表している。各国が実施した対策の進捗状況については，2023年から５年ごとに点検することとなっている。なお，この各国が示した削減目標は，世界の地球温暖化対策を踏まえた科学的根拠はなく，気候変動等の防止が合理的に行われるか疑問である。

別途，地球温暖化原因物質削減目標は，平均気温の上昇を産業革命前から２℃未満に抑えることと定められた。ただし，気候変動や海面上昇の影響をすでに受けている島嶼地域の国などから1.5℃未満に抑えることが強く求められたが，コンセンサスが得られず努力目標とされた。その後の締約国会議では，途上国が地球温暖化原因物質削減するための資金は，先進国が支援することを義務（obligation）として要求した。しかし，先進国は努力（effort）としたため，議論が紛糾し合意は得られていない。環境コストの負担については，UNCED（1992年）以降同様の議論が続いている。なお，中国は先進国ではなく途上国として対応している。さらに，2017年６月に米国トランプ政権は自国の経済的不利益を理由に脱退を表明している。

Ⅱ.3　エネルギー政策

(1)　エネルギー資源の供給

①　有機燃料

化石燃料は，今から3億数千万年前から始まる石炭紀から地球上に生成しだしたとされている。石油は，2億数千万年前から恐竜が絶滅した6550万年前までの中生代の地層に約6割が存在していたことが確認されている。古代に存在していた海生動植物（プランクトンや藍藻類など）の死骸が細菌の作用によって変化し，地中に浸透し鉱物の何らかの影響を受けて石油が生成されたという学説が有力である。石油もバイオ燃料ということになる。

人類は大気中に多量にあった気体の二酸化炭素を，数億年かけて液体（石油），固体（石炭）あるいは地下深くに閉じ込めた天然ガス（メタン，メタンハイドレートなど），石油ガスを，200年もしないうちに半分を燃焼し，二酸化炭素に戻してしまっている。また，現在地球表面で光合成によって作られた森林などバイオマスを，自然の生産量を超えて消費（燃焼など酸化：二酸化炭素と水へ変換）してしまっている。過剰な森林伐採は，人の利益を生み出すための経済活動として世界各地で進行している。

②　化石燃料の供給源

世界のエネルギー需要は増加の一途であり，世界の各地に需要も広がっている。しかし，供給地はあまり増加していないため，安定した供給はしばしば失われる。1973年10月に発生した第四次中東戦争で，第一次オイルショックが起きている。このとき，アラブ石油輸出国機構（Organization of the Arab Petroleum Exporting Countries：OAPEC）加盟の10ヵ国が原油の生産削減と供給制限を行った。このことがきっかけとなり，石油輸出国機構（Organization of Petroleum Exporting Countries：以下，OPECとする）に加盟するペルシャ湾岸6ヵ国も原油価格を大幅に値上げしたことで石油価格が高騰した。この影響は，1973〜1974年にかけて世界中に及んだ。

そして，1979年初頭のイラン革命で原油輸出を中断したことおよび石油輸出国機構の原油値上げによって，第二次オイルショックが起きている。原油価格は，1979〜1981年に3倍近くに高騰した。この二度のオイルショックの対処として，省エネルギー技術，原子力発電および再生可能エネルギー技術の開発が世界中で取り組まれた。しかし，石油価格が下落したことで，それら開発は下火になった。わが国は，「エネルギーの使用の合理化に関する法律」（以下，省エネルギー法とする）（1973年施行），「石油代替エネルギーの開発及び導入の促進に関する法律」（以下，石油代替エネルギー法とする）（1980年施行）によって開発が誘導されたが，普及に至ったものは限られている。

その後，石油価格の高騰が起きると，高額の掘削コストがかけられるようになり，ブラジル，ベネズエラなどで大量の化石燃料供給が可能となった。また，米国がイラクのフセイン政権を壊滅させ，独自に多くの石油が先進国を中心に輸出されるようになったことで，中東諸国の足並みもそろわなくなった。さらに米国などでシェールガス，シェールオイルが大量に掘削できるようになり，近年（2019年現在）では産油国の構成が変化し，OPECなどで世界の石油価格を操作することができなくなっている。ただし，産油国の政情不安や国家間の争いなどで化石燃料価格は敏感に変化している。

化石燃料の大量消費が可能になったことで，二酸化炭素の排出はさらに拡大することが予想される。米国やロシアなど大国（国連の安全保障理事国でもある）が化石燃料で利益を得ていることから，「気候変動に関する国連枠組み条約」による国際的コンセンサスは低下している。長期的視点では，気候変動による大きな災害などが懸念される。

③　非化石燃料

石油代替エネルギー法は，2011年から「非化石エネルギーの開発及び導入の促進に関する法律」（以下，非化石エネルギー法とする）に改正されている。「非化石エネルギー」の定義は，「化石燃料（原油，石油ガス，可燃性天然ガス及び石炭並びにこれらから製造される燃料）及び副次的に得られる燃料（揮発油，灯油，軽油，重油，石油アスファルト，石油コークス，可燃性天然ガス製品，コークス，コールタール，コークス炉ガス，高炉ガス，転炉ガス及び水素［原油，石油ガス，可燃性天然ガス又は石炭に由来するものに限る。］）以外の熱，動力」となっている。

したがって，燃料電池の水素を化石燃料から改質して利用しても非化石燃料とはならない。対して，原子力発電は非化石燃料に含まれている（法第２条，非化石エネルギーの開発及び導入の促進に関する法律第２条１号の原油等から製造される燃料を定める省令）。

省エネルギー法の2013年の改正では，①電気需要の平準化推進，②トップランナー制度の拡大，③建築材料等への対象拡大などに関する措置を追加し，名称も「エネルギーの使用の合理化等に関する法律」に変更となっている。

1977年に出版されたエイモリー・B・ロビンスの著書で，すでに大規模集中型のエネルギー供給システムに対して，分散型のシステムの導入が提唱されている。対応策として，「最終用途として使用されるエネルギーのうち，暖房・給湯など大きなエネルギーを必要としないものは，発電施設で千数百度も発熱して発電し遠隔地まで送電するよりも家庭に備え付けた太陽光発電などを利用したほうが効率的である」と提案している。

一方，通常の電力設備で発電した電気の供給は，工業用エネルギーや鉄道など大きな電力が必要なものに限定すべきであるとしている。この考え方は，ソフトエネルギーパスといわれ，世界的に注目された。オイルショックによって，省エネルギー，再生可能エネルギーが国際的に注目されるきっかけを作った。わが国の法政策は非常に遅れているが，中長期的計画に基づいた非化石燃料供給源拡大の行方が注目される。

(2) 消費と環境対策

① 資源枯渇と代替

エイモリー・B・ロビンスがソフトエネルギーパスの提案で述べている大きなエネルギーを得る部分では，企業サイドで可能な限り省エネルギーを行う必要がある。2000年以降，化石燃料の枯渇が見えてきたこと，BRIICS諸国のエネルギー需要の急増，精製コストが高いサンドオイルの採掘が始まったことなどで，原油価格は数年で数倍と極めて速いペースで高騰した。安価に採掘できる新たな油田が発見される，または世界経済が低迷すると原油価格は下落する。しかし，その後景気が回復すると，バイオマスを枯渇するまで使い続け崩壊した文明と同様に，化石燃料は使われ続けるだろう。地球は有限であり，資源も当然有限であるため，いずれは枯渇する。

現状では，ありとあらゆる化石燃料は，すべてが掘り出せなくなるまで次々と人類が使い切って（CO_2と水にして）しまうだろう。エネルギーから得られるサービスの需要が尽きることがなく，現在使用している資源が枯渇すれば，その代わりを探すことになる。再生可能エネルギーの導入なども，その選択肢の1つになっている。核融合が実用化，普及と順調に進めば，主要な新たなエネルギー源となる可能性が高いと予想される。しかし，この動向は環境政策を踏まえてはいない。これら新たなエネルギー利用について，事前に環境影響評価（環境アセスメント）をしていないからである。

環境にやさしいといわれている自然エネルギーは，すでに多くの環境問題を生じている。ダムは，ダム湖で生態系が失われ，自然が破壊されている。黒部ダムでは湖底の堆積物を排出するため，黒部川と河口付近の海洋生態系も破壊している。風力発電の騒音は人への健康被害を起こし，すでに環境影響評価法の規制対象になっている。ソーラー発電のパネルの反射光による光害，建設時の森林伐採（森林破壊），自然破壊は全国至るところで発生している。再生可能エネルギーは，そもそも低密度エネルギーであるため，大量に発生してくる発電設備の廃棄物など十分に事前評価すべきである。

エネルギーの消費に関する政策方針を転換する必要がある。もっとも，大気中の二酸化炭素濃度がさらに高まり，気候変動で今までにない甚大な災害が発生し，人類の生存が危ぶまれる事態のほうが先に訪れる可能性もある。

②　新エネルギー

資源が少なくなれば，経済原理により高騰する。原油の場合，原油の汲み上げ量，残存量および需要で変化の度合いが決まる。オイルショックは，汲み上げ量を調整することにより石油価格の高騰（高付加価値化）を招いたが，石油生産者が汲み上げ量を増加または消費量が減少すれば，価格が低下する可能性がある。省エネルギーや再生可能エネルギーの普及は，石油消費量の低下につながる。また，原子力発電の商業炉が稼働し始めた1970年以降，エネルギー調達の選択肢が増え，石油産出者と大量石油消費国のさまざまな駆け引きが繰り広げられた。発電用として大量に使用される天然ガスは，効率的エネルギー利用が期待できる。安価で大量に存在する石炭は，流動化（液状化）させ石油のように利用をしたり，石炭ガス化複合発電（Integrated coal Gasification Combined Cycle：IGCC）も開発されている。しかし，石炭は不純物を多く含み，エネルギー効率が悪いため，微小粒子状物質（Particulate Matter：PM）やソックス（SOx），一酸化炭素（CO）などによる大気汚染，二酸化炭素の大量排出などが問題となっている。

エネルギー供給が不安定となると，省エネルギーおよび再生可能エネルギーの開発，普及の進捗の追い風となる。2000年以降は，BRIICS諸国のエネルギー需要の急激な拡大がエネルギー価格を高騰させ，石油採掘の可能性を高めた産出国が増え，また新たなエネルギー開発が注目されている。OPEC諸国は数十年で石油が枯渇することから，現在ある豊富な資金を用いて新エネルギー技術開発を積極的に行い，その知的財産権（産業財産権）を新たな収入源とする計画も進めている。

鉱物資源と異なり，石油は現状ではマテリアルリサイクルによる再生ができないため，プラスチックのサーマルリサイクルが合理的なエネルギー利用である。熱供給システムや発電など，サーマルリサイクル方法も開発が進んでいる。さらに，燃焼で発生する二酸化炭素を分解し，有機物を効率的に生成できる研究開発が進めば，石油も循環型資源にすることができるようになる。

オイルショック以降の省エネルギーおよび再生可能エネルギー導入の法政策の経緯を表Ⅱ－2に示す。

表Ⅱ-2　わが国の省エネルギーおよび再生可能エネルギー導入の法政策の経緯（1973年～2018年）

年	法の動向	備考
1970	1973第一次オイルショック 1979第二次オイルショック 1979省エネルギー法［公布1979.6］	
1980	1980石油代替エネルギー法 ［公布1980.5］→ 政府「石油代替エネルギー導入指針」発表	新エネルギー総合開発機構（現 新エネルギー産業技術総合開発機構（NEDO）［1988］）設立
1990	（1992.6 国連の環境と開発に関する会議）→ 1997新エネ法［公布1997.4］ （1997京都議定書採択［1997.12］）	（気候変動に関する国際連合枠組み条約に155カ国調印）
1998	省エネルギー法改正［公布1998.6］→ 地球温暖化対策推進大綱［策定1998.6］→ 地球温暖化対策推進法［公布1998.10］→	トップランナー方式の導入（機械器具にかかる措置の強化） 地球温暖化防止に関して国がすべき施策について規定 （京都議定書批准のための国内法）
1999	地球温暖化対策に関する基本方針 ［1999.4　内閣決定］	
2000	第２次環境基本計画（環境基本法第15条に基づく）［2000.12内閣決定］	エネルギー供給（再生可能エネルギー利用など）及び省エネルギーを目的として温室効果ガス削減対策を規定
2001	気候変動に関する国際連合枠組み条約第７回締約国会議（マラケシュ会議COP7）→	京都メカニズムなど詳細で具体的な内容を検討

2002	新エネ法改正［公布・施行2002.1］	→	新エネルギー利用等に「バイオマス」，「雪氷」を新たに追加
	地球温暖化対策推進大綱改正［策定2002.3］	→	2005年4月発表の京都議定書目標達成計画に受け継がれた。
	エネルギー政策基本法［2006.6公布，施行］		
	地球温暖化対策推進法一部改正［公布2002.6］		
	(2002.8～9 国連の環境と開発に関するヨハネスブルグ会議)	→	(1992年国連の環境と開発に関する会議の10年後の見直しのために開催)
	省エネルギー法改正［公布2002.6，施行2003.4］		国際的にはRPS (Renewable Portfolio Standard) 法として普及
	新エネ等利用法［公布2002.6，施行2002.12］	→	
2009	フィードインタリフ制度導入		当初は太陽光発電が対象
	エネルギー供給構造高度化法施行		
2011	非化石エネルギー法	→	石油代替エネルギー法を改正
2012	再生可能エネルギー特別措置法施行	→	2009年フィードインタリフ制度と同時に運用
2016	電力自由化（電気事業法）施行		小売り自由化
2017	ガス自由化（ガス事業法）施行		小売り自由化

表中の法律略語

- 省エネルギー法：エネルギーの使用の合理化に関する法律
- 石油代替エネルギー法：石油代替エネルギーの開発及び導入の促進に関する法律
- 新エネ法：新エネルギーの利用等の促進に関する特別措置法
- 地球温暖化対策推進法：地球温暖化対策の推進に関する法律
- 新エネ等利用法：電気事業者による新エネルギー等の利用に関する特別措置法
- 非化石エネルギー法：非化石エネルギーの開発及び導入の促進に関する法律
- 再生可能エネルギー特別措置法：電気事業者による再生可能エネルギー電気の調達に関する特別措置法

③　研究開発

石油の供給が不安定なことから，石油依存を減少させるために，1980年代頃から政策的に石油代替エネルギー法に基づく新エネルギーの開発と省エネルギー法に基づく省エネルギーの開発が行われてきた。新エネルギー開発においては，石油代替エネルギー法に基づいて1980年10月に新エネルギー総合開発機構が設立され，1988年10月に新エネルギー産業技術総合開発機構

(new energy and industrial technology development organization：NEDO）と名称を改めている。当該機構は，複数の民間企業で作られる研究組合で，研究開発が進められる。

研究開発対象は，当時の「石油代替エネルギー法」（第３条第３項）に基づき，原子力基本法（第２条）に定める原子力に関する基本的な政策にかかるもの以外で，技術的に実用化の見通しのあるものとされている。なお，主要な再生可能エネルギーであるバイオマスエネルギーは，工業技術院（現，独立行政法人産業技術総合研究所）が管轄しており，当該機構の研究開発対象から除かれている。

国家的な研究開発プロジェクトとしては，従来から行われているサンシャイン計画（新エネルギー技術の開発）とムーンライト計画（省エネルギー技術の開発）を併せた形で，1993年度からニューサンシャイン計画（エネルギー環境領域国際技術開発推進計画）が始まっている。

エネルギー政策における省エネルギーと再生可能エネルギーの開発普及は，わが国のエネルギーの安定供給を目的として始められたものであるが，化石燃料の消費量削減ができることから地球温暖化防止対策（二酸化炭素排出抑制）の主要な手段ともなっている。しかし，新たに安定した化石燃料供給の方法が確立すれば，エネルギー政策の方針は転換されるため，環境政策と相反することとなる。

再生可能エネルギーは，必ずしも環境保全を実現するわけではない。バイオマスエネルギーの燃料源確保のための過剰な調達，風力発電設備や太陽光発電装置の運転時の環境問題（景観，騒音，反射光など）や寿命後に発生する多量の廃棄物など，却って環境負荷を増加させる場合もある。

原子力発電で使われているウランも，あと数十年で枯渇する。数十年の研究期間を予定している高速増殖炉が安全運転されれば，核廃棄物（プルトニウム）が莫大な貯蔵エネルギーになり，わが国では2000年から4000年間電気が供給可能となる。したがって，核廃棄物最終処分場は，エネルギー備蓄基地に変化する。核反応はPWR（Pressurized Water Reactor：加圧水型原子

図Ⅱ-2　**天然ガスタンク（メタン）**

天然ガスは，都市ガスや火力発電所などに大量に輸入され，利用されている。石油より効率的に燃焼できることから，地球温暖化防止対策が期待されている。石油，石炭で公害（SOx）の原因となっているイオウなどの含有物も少ないため，環境負荷も減少できる。また，燃料電池の水素源（改質）としても利用されている。世界各地で採掘が進められている。

炉）を利用するため，事故を起こした福島第一原子力発電所のBWR（Boiling Water Reactor：沸騰水型原子炉）と異なり，放射性物質が存在している部分は限定される。研究開発は続けるほうが妥当と考えられるが，原子力発電所廃止の世論が高いことから存続は困難である。

太陽の表面で起こっているような核融合を地球上で発生させ，エネルギーとして利用する方法も期待される。ただし，核エネルギーに関しては，放射能など巨大なリスクが存在することが極めて大きなネックとなっている。リスクの性質（ハザードの大きさ・性質，発生頻度）をよく知り，安全管理技術およびシステムを開発・整備することが今後の普及には欠かせない。

核融合によるエネルギー開発はすでに国際的に進められており，フランスのカダラッシュ（Cadarache）(注5) に国際熱核融合実験炉（International Thermonuclear Experimental Reactor）「イーター（ITER）」（トカマク式炉）(注6) で実験が行われている。2007年に「イーター協定」が発効し，日本，EU，米国，中国，韓国，ロシア，インドが共同開発を行っており，すでに2億℃程度の熱を得られる実験に成功している。強力な電磁場が必要であることから，超伝導材料の開発が進められている。わが国では国立研究開発法人 量子科学技術研究開発機構が情報解析などの研究に参加している(注7)。

④　再生可能エネルギーによる発電市場の経済的誘導

わが国のフィードインタリフ（Feed-in Tariff：FIT）制度は，2009年に施行された「エネルギー供給事業者による非化石エネルギー源の利用及び化石エネルギー原料の有効な利用の促進に関する法律」（エネルギー供給構造高度化法）によって，太陽光発電のみを対象とした（高額）固定価格長期間買い取り制度として始まっている。当時，一部条例でも購入時の助成金等が行われ，地方公共団体も経済的支援を行っている。RPS（Renewable Portfolio Standard）法である「電気事業者による新エネルギー等の利用に関する特別措置法」（以下，新エネ等利用法とする）も施行されており，発電に関して法令の効力を持った再生可能エネルギーの導入率向上と経済的な誘導による市場拡大が別々に実施されていたこととなる。

その後，2011年3月に東日本大震災に伴う福島第一原子力発電所の事故を発端に，原子力発電に関する巨大なリスクが顕著となり，全国の原子力発電所からの電力供給が停止する事態となった。この影響で自然のエネルギーを利用する再生可能エネルギーによる発電に注目が集まり，新たにFIT制度として2012年7月から「電気事業者による再生可能エネルギー電気の調達に関する特別措置法」（以下，再生可能エネルギー特別措置法とする）が施行された。しかし，「新エネ等利用法」が廃止となり，RPS制度が喪失したことにより，全発電量に対して確実に再生可能エネルギー発電率を向上させていく法政策は失われている。

Ⅱ.4　環境変化への適応

(1)　環境変動

①　影響と評価

環境の変化は漸次進んでおり，不可逆的な状態となっている。人為的に変えられた環境は，自然の浄化能力を超えてしまっている。この変化は地球上に一様に現れるものではなく，地域によって大きく異なっている。

すでにオゾン層はかなり破壊されており，北極，南極にはオゾンホールができてしまっている。緯度が高い地域ほど破壊の程度が大きく，宇宙から降り注ぐ紫外線を遮断する効果が低くなっている。オゾン層がすべて破壊されてしまうと生物は地上に生息することはできなくなり，数億年以前の生物のように，紫外線がとどかなくなる海中（水面より10m以下）で生きなければならない。現在，すでに地上に到達する紫外線は強くなっているため，人にアレルギーや皮膚がんの被害の発生を増加させている。地上に生息する生物は，高まった紫外線による被害のリスクに対処していかなければならない。

都市開発や農地開墾，再生可能エネルギー設備の設置，狩猟，漁猟によって生態系は破壊されており，自然科学的な検討に基づいた絶滅危惧種も公表されている。生態系の変化は人の目でも確認できるが，経済活動が優先されるため，この変化を生態系全体にかかわる環境リスクと見なされることはほとんどない。漁猟では水揚げ量が減少し，経済的損害が発生するため問題となる。しかし，魚の数が少なくなるとその魚の価値（値段）上昇するためさらに漁猟のインセンティブが上がる。「絶滅のおそれのある野生動植物の種の国際取引に関する条約（ワシントン条約）」で狩猟が禁止されても，剥製，象牙などが手に入りにくくなるため，同様に価値（値段）が上昇しさらに絶滅のリスクが高まる。

食物連鎖が行われている生態系で特定の種が消滅，あるいは急激に増加すると生態システムが失われる。したがって，特定の種を減少させたりまたは過剰に保護すると生物多様性が喪失し，生態系は破壊する。人の活動範囲が拡大するに従い，生態系の破壊も広がっている。人も生態系の一部であるため，持続的な存在の可能性を減少させている。

他方，生物の遺伝子にダメージを与える放射線は自然界から放射されており，宇宙からの宇宙線にも含まれている。しかし，人為的に作られた放射性物質が第二次世界大戦以降，地球全体に拡散し増加している。原因は，核爆弾使用やフィールドにおける実験で莫大に生成されたこと，原子力発電所からの漏洩および事故による放出である。

人為的に生成される放射性物質はさまざまにあるが，環境中における放射性物質汚染度合いの指標として，半減期が30.1年のセシウム137（注8）の存在率がしばしば用いられる。セシウムは，生体に不可欠なカリウムと類似の物理化学的な性質があるため，食物などから体内に取り込まれると全身に拡散するおそれがある。放射性物質のリスクは一般公衆には理解しにくく，放射線に曝されるとリスクは蓄積していく。低レベル放射線に長時間曝露されると，知らぬ間に放射線による障害を発生する可能性が高まる。地球上における放射性物質は着実に増加しており，人類が意図的に作り出した環境リスクである。

また，人為的に火を扱えるようになってから大気中の二酸化炭素存在率が増加し，地球温暖化が始まっている。現在のほとんどの気温上昇は，二酸化炭素がストックした熱（赤外線）によって多量に蒸発（蒸気圧上昇）した水分が，さらに熱（赤外線）を吸収し発生ししたものである。熱波（気温が上昇し持続する現象のこと）は直接，人および生態系にダメージを与える。2003年夏期に欧州では異常な高温が続き，欧州全域に熱波による熱中症など深刻な健康被害が発生している（注9）。世界の平均気温は産業革命以来上昇しており，本当ならば氷河期に向かっているはずの現在の地球とは相反している。予想困難な環境変化が発生する可能性が高い。

②　気候変動

地球温暖化は人為的に急激に引き起こしている現象であるため，環境にさまざまな影響を与えている。熱帯性気候で拡大する伝染病の被害，多雨・洪水または干ばつ，巨大な台風の多発，深刻な冷夏または暖冬，大量の氷河が溶け水が海に流れ込むことによる海流の変化（海水の塩分濃度低下），海面上昇，永久凍土の溶解，二酸化炭素の海水への溶解による酸性化（炭酸の生成）など，自然環境に変化が発生している。

この変化は生態系や人工物に被害を発生させている。熱帯，亜熱帯地域が拡大することで，生息できる生物種が変化する。特に容易に移動できない植物は，数多く絶滅する種が発生すると考えられる。農作物は，必然的に栽培している種を変化せざる得ない。また，自然と戦い気温が上昇しても正常に生育できるように品種改良，あるいは遺伝子操作などを行わなければならない。干ばつによる水不足も農業，林業および人の生活に損害を与えている。

虫や動物，鳥類はすでに生息域を次々と変化させている。虫や鳥の鳴き声が変わり，身近に生息している昆虫類など生物種の種類は明らかに変化している。渡り鳥，回遊魚は移動経路を変えており，季節の変化とともに飛来する渡り鳥の変化，漁猟対象・漁獲量の変化は各地で確認されている。野生動物の生息域も北上し，害獣被害も拡大している。

人工物も，高潮・浸水・洪水災害，強い上昇気流によって作られた大きな雹による被害，巨大台風や竜巻・ダウンバースト，大雪による建築物倒壊などが世界各地で発生している。

日本では2018年２月に環境省，文部科学省，農林水産省，国土交通省，気象庁が共同で「気候変動の観測・予測及び影響評価統合レポート2018　～日本の気候変動とその影響～」を発表し，気候変動によるわが国への影響について各行政区分ごとに詳細に分析した結果を公表している。同年６月には「気候変動適応法」が制定され，気候変動が発生，拡大していることを前提としてその対応を法律で定めている。本法で，「気候変動影響」の定義を「気候変動に起因して，人の健康又は生活環境の悪化，生物の多様性の低下その他の生活，社会，経済又は自然環境において生ずる影響をいう。」（法第２条第１項）と，人と生物およびその他環境を広く定めている。また，「気候変動適応」は，「気候変動影響に対応して，これによる被害の防止又は軽減その他生活の安定，社会若しくは経済の健全な発展又は自然環境の保全を図ることをいう。」（法第２条第２項）と，被害を最小限度にとどめるために適応することとしている。

⑵ 生態系の危機

① 生物の多様性

生物多様性を変化させる人為的要因として，「オゾン層破壊－紫外線の増加」，「地球温暖化－気候変動」，「有害物質の環境放出」，「廃棄物の発生・拡散」，「海洋汚染（油濁，プラスチックなど漂流ゴミ）」などがあげられる。これら変化により生物の生息環境が悪化し，野生生物の種の絶滅が過去にない速度で進行している。

1992年５月には「生物の多様性に関する条約（Convention on Biological Diversity）」（以下，CBDとする）が採択され，1993年12月に発効している（注10）。条約の目的は，「①生物多様性の保全，②生物多様性の構成要素の持続可能な利用，③遺伝資源の利用から生ずる利益の公正かつ衡平な配分」となっている。また，当該条約第８条および第19条（バイオテクノロジーの取扱い及び利益の配分）第３項に基づき「バイオセーフティに関するカルタヘナ議定書（cartagena protocol on biosafety）」が2003年９月に発効し，バイオハザード対策，バイオテクノロジーの利益配分について定められた（注11）。わが国政府は，本条約に基づき1995年10月に「生物多様性国家戦略」を策定している（注12）。その後，国際状況などを踏まえて適宜改定されている（注13）。

②　変化する生態系への対処

愛知県名古屋市で2010年に開催された第10回締約国会議（COP10：当該締約国会議は２年に１回開催）では「遺伝資源の利用から生ずる利益の公正かつ衡平な配分（ABS：Access and Benefit - Sharing ）」に関する名古屋議定書が採択されている。ここで取り上げている利益とは，医薬品への利用，発生工学，効率的な食料生産やその他自然科学への利用を対象としている。

2010年以降の世界目標（2011～2020年：長期目標“Living in harmony with nature”／自然と共生する世界）も作られ，世界的な目標として「愛知目標」(注14) も作られた。国内においては，地域における多様な主体が有機的に連携して行う生物の多様性の保全のための活動を促進するための措置等を講じるために，「地域における多様な主体の連携による生物の多様性の保全のための活動の促進等に関する法律（生物多様性地域連携促進法）」を2010年制定し，2011年から施行されている。地球上の生態系は常時変化しており，今後現状を踏まえて改訂されていくと予想される。

なお，CBDには2018年12月現在で194ヵ国，欧州連合（EU）およびパレスチナが批准しているが，米国は自国の知的財産が損害を受けることを理由に参加していない。また，環太平洋戦略的経済連携協定（Trans-Pacific Partnership：TPP）をはじめ 国際的な貿易の促進が図られていることから，固有生態系にとっては新たな種となる外来生物種が国内に入り込む可能性が高まる。さらに，地球温暖化によって温暖な地域が拡大しているため，国内外の生物の移動が助長されると考えられる。わが国では，自然に生息する鳥獣（シカやイノシシなど）の生息域の変化に対処するために，「鳥獣の保護及び狩猟の適正化に関する法律」（鳥獣保護法）を2014年４月に「鳥獣の保護及び管理並びに狩猟の適正化に関する法律」（鳥獣保護管理法）へ改正し，自然生物の個体数を人が管理することを進めている。この規制を進めていくには，事前に複雑な生態系のシステムを理解しておかなければ，却って環境破壊リスクを高めるおそれもある。人の活動が原因で生息域を変えた生物の生命を人が管理することには疑問がある。

⑵ 海洋汚染

① 漂流ゴミ

海洋は，「国連海洋法条約」（1982年採択）が1994年に発効して以降，各国の排他的経済水域が定められ，資源開発の権利などが定められている（第Ⅱ部Ⅱ.3⑴参照）が，海洋ゴミの処理処分の義務の規程はない。また，公海は「公海自由の原則（principle of freedom of the high seas)」に基づき各国が自由に使用できる。したがって，コモンズの悲劇も起こりえる。すでに漂流ゴミは世界各地で問題になっている。

SDGsでは，ターゲットの１つとして「2025年までに，海洋ごみや富栄養化を含む，特に陸上活動による汚染など，あらゆる種類の海洋汚染を防止し，大幅に削減する」が示されている。また，2017年に開催されたG20ハンブルクサミットでは，海洋ごみ問題についてG20首脳宣言ではじめて取り上げられ，海洋ごみの発生の予防・削減の必要性が確認されている。

わが国では，海岸へ漂着した廃棄物の処理に関して「美しく豊かな自然を保護するための海岸における良好な景観及び環境の保全に係る海岸漂着物等の処理等の推進に関する法律」（以下，海岸漂着物処理推進法とする）が2009年に施行されている。2018年６月に改正され，海岸漂着物のなどの発生抑制（3Rの推進など），マイクロプラスチック対策が追加された。

タンカーなどの座礁による油濁事故でも，重油などが漂流する事件が世界

図Ⅱ-3 海岸に打ち上げられた漂着ゴミ

海岸に大量に打ち上げられる漂着ゴミについて排出者を特定することは困難である。処理量が大量になり，巨額の処理費用が必要になる場合もある。本来ならば，汚染者負担の原則に基づき排出者が処理費を負担するべきである。

中で数多く発生している。米国では，1969年にカリフォルニア州サンタバーバラ沖の海上石油基地から１ヵ月以上原油が流出する油濁汚染事故が発生している。行政の対策が十分にできなかったことがきっかけとなり，環境影響評価を義務づけた国家環境政策法（National Environmental Policy Act；NEPA）が，世界で初めて同年に制定され，翌1970年に施行されている。

関連の国際条約として，米国アラスカ沖でエクソンバルディーズ号が1989年３月に座礁し原油約４万キロリットルが流出し，このような油濁事故対処として「油濁事故対策協力条約」が1990年に採択されている。船舶から排出される有害物質対策に対しては，「マルポール条約（1973年の船舶による汚染の防止のための国際条約に関する1978年の議定書）」（1973年採択），廃棄物の国際的な海洋投棄防止に関しては，「ロンドン・ダンピング条約（廃棄物その他の物質の投棄による海洋汚染の防止に関する法律）」（1972年採択）が定められている。わが国では，国内法として「海洋汚染及び海上災害の防止に関する法律（海洋汚染防止法）」が1970年に制定されている。

②　プラスチックゴミ

商業的に生産された最初のプラスチック（正確には半合成プラスチック）はセルロイド（極めて燃えやすい）で，1869年に米国で開発されている。その後，プラスチックは2017年までの累積で，世界で約83億トンが生産されており，近年は年間約３億トンが生産されている。安価で生産できることもあり，さまざまな製品に利用され，人の生活には不可欠なものとなっている。廃プラスチックが海に流される量は，年間約800万～1,000万トンと予測されている。

しかし，海洋に流れ出たプラスチックは漂流ゴミとなり，世界中の海岸へ大量に漂着し，深刻な廃棄物問題を発生させている。観光地では大きな損害が発生しているケースもある。漂流ゴミの多くは，廃プラスチック容器，袋，シート，バケツ類などである。プラスチック袋などは，波による物理的なエネルギーや紫外線による化学反応で細かく分解され，工業用研磨剤や化粧品はそのまま直径0.3～5mm程度のプラスチック粒子となり海洋を漂う。これらは，マイクロプラスチック（microplastics）といわれ，その表面に有害物質（PCB［Polychlorobiphenyl］など有機溶剤，農薬など）が付着している場合があり，生物濃縮されると生態系への影響が懸念されている。シーア・コルボーンが著書『奪われし未来』で指摘した環境ホルモンをはじめとして，生物濃縮された有害物質が人に摂取されるおそれがある。

また，魚，鯨，亀，及び魚を食べている野鳥の体内から，多くのマイクロプラスチックや漂流物が見つかるケースも増加している。餌と間違えて食べ死亡することもある。人が食べるシーフードに含有されることが懸念される。

プラスチックの分子構造は複雑で非常に多くの種類があり，用途に応じて性質も異なる。1つの製品に複数の種類が含まれており，別途添加物も加えられることが多く，廃棄物の再生には複数の分離精製が必要である。特に耐久性，耐衝撃性などを高めた製品には非常に多くの化学物質が含まれており，詳細な定性（成分の種類）を把握することも困難である（多くのコストを要する）。このため成分がほぼ単一で比較的値段が高いPET（Polyethyleneterephthalate：ポリエチレンテレフタレート）やPP（polypropylene：ポリプロピレン）など，限られたもののみがリユースまたはマテリアルリサイクルされている。

容器包装材など利便性を高めるために使われている安価なプラスチックを，消費者に廃棄の際に手間をかけて細かく分別してもらうには，省資源に関して高い理解を得てもらう必要がある。地方公共団体をはじめ多くの活動を行っているが，極めて地道で大変な仕事である。しかし，石油（石炭化学で生成する場合は石炭）は限りある資源であるため，遠くない将来に枯渇し，その時点で製品としての供給はなくなる。プラスチックは無限に供給されるかのように消費されているが，根本的に使い方を考える必要がある。あるいは，高コストであるが，生分解性プラスチック（ポリ乳酸，キチン，セルロースなど）を普及させることも考えられるが，富栄養化による水質汚濁汚染や品質の確保などの問題もある。

③　海洋プラスチック憲章

2016年に開催されたダボス会議（世界経済フォーラム）では，2050年までに海へ流出される廃プラスチックの量は，海に生息する魚の量（重量）を上回るとの試算が発表（“The new plastics economy rethinking the future of plastics”）され，漂流廃プラスチックは深刻な状況であることが示された。

Ｇ７（Group of Seven）[注15] では，2015年（ドイツ開催）会議で「海洋プラスチック問題に対処するアクションプラン」が定められ，2016年（日本）会議および2017年（イタリア）会議で再確認されている。2018年（カナダ）で，「Ｇ７海洋プラスチック憲章」が提案され，英国，フランス，ドイツ，イタリア，カナダの５ヵ国とEUが署名している。しかし，日本および米国は，当該憲章が目指すプラスチック用品のマテリアルリサイクルの向上などに関して，国内法の整備が不十分であることを理由に署名していない。

別途，署名できなかった大きな理由として，2020年以降中国が日本をはじめ海外からの廃棄物資源の輸入を停止することを表明していたことが大きく影響している。日本で発生した廃プラスチックは，今後行き先がなくなり，処理・処分することも難しくなっている現状で，マテリアルリサイクルまでできる状態ではない。将来計画を十分に行わず，廃プラスチック処理を他国への輸出で対処してきたことが大きな失敗だったといえる。短期的な視点しかもたない短絡的な環境政策である。

【注】

（注１） 1961年に就任したジョン・F・ケネディ大統領が米国の国連大使に任命し，外交政策で活躍した。キューバ危機（1962年10～11月）の際に大統領へ空爆反対を訴え，「キューバへの攻撃はソ連がトルコやベルリンに報復行動に出る可能性が高く，結果として核戦争になる」と文書を送っている。世界が核戦争になる一触即発の事態の解決に貢献した人物でもある。

（注２） フロン類（CFC類）の代替品として米国企業が開発したもので，産業財産権を得た米国が突然態度をひるがえし，「オゾン層破壊物質に関するモントリオール議定書」に参加を表明する。これによりモントリオール議定書に基づくフロン類の使用・生産全廃が進む結果となった。

（注３） 京都議定書で，地球温暖化原因物質を国際的に削減する仕組みとして，次の京都メカニズムが定められた。①排出量の取引（Emissions Trading）：ある国が排出削減目標を超えて達成した場合，その排出量を他の国に有償で譲渡すること。②共同実施（Joint Implementation）：ある締約国が，他の締約国で排出量削減事業を実施し，排出量を減らした場合，その削減量の一部を自国の削減量に繰り入れできること。③CDM（Clean Development Mechanism）：締約国が，開発途上国で排出量削減事業を実施し，その削減量を自国の削減量に繰り入れること。

（注４） 初年度（2012年10月～）の税率は低く設定され，３年半かけて段階的に引き上げられ，2016年４月に導入当初の税率（使用量当たりの設定額）となった。「地球温暖化対策のための税」は直接，化石燃料を利用する企業が負担するが，政府の試算では最終的消費者である家庭の平均的な負担額は100円程度／月になるとされている。

（注５） 日本の青森六ヶ所村も設置対象候補になっていた。

（注６） 磁場を利用し，高温のプラズマを閉じ込め核融合を行う環状の研究装置をいう。

（注７） 電磁場，放射線（粒子線）の解析の研究は，国立研究開発法人 放射線医学総合研究所などと共同で重粒子線の医学利用（がん治療など）も行われている。

（注８） セシウム137（^{137}Cs）は，壊変時にベータ線を発し，バリウム137（^{137}Ba）に変化する。セシウム137を摂取すると，ベータ線による内部被曝（体内が放射線に曝されること）で健康障害が生じる可能性が高い。

（注９） 欧州全体で約３万５千人が死亡したとされている。特にフランスの被害が深刻で，熱波が約２ヵ月間続き，パリでは38℃を数回記録し，40℃を超えることもあった。フランス国内だけで約１万５千名が亡くなり，高温や乾燥で農作物にも深刻な影響が発生し，甚大な森林火災も起きている。

（注10） 希少種の取引規制や特定の地域の生物種の保護を目的とする既存の国際条約（絶滅のおそれのある野生動植物の種の国際取引に関する条約：ワシントン条約），特に水鳥の生息地として国際的に重要な湿地に関する条約：ラムサール条約）など）を補完し，生物の多様性を包括的に保全し，生物資源の持続可能な利用を行うための国際的な枠組みを設ける必要性が国連などで議論されるようになっていたことが背景にある。

（注11） 1999年２月のコロンビア・カルタヘナで開催された特別締約国会議の決議に基づき検討が進められた。

（注12） 「生物の多様性に関する条約」第６条に規定の「保全及び持続可能な利用のための一般的な措置」に基づいている。

（注13） 2010年３月に「生物多様性国家戦略2010」，2012年９月に「生物多様性国家戦略 2012-2020」と改訂されている。

（注14） 愛知目標の内容は次の内容である（環境省仮訳）。

目標１：人々が生物多様性の価値と行動を認識する。

目標２：生物多様性の価値が国と地方の計画などに統合され，適切な場合に国家勘定，報告制度に組み込まれる。

目標３：生物多様性に有害な補助金を含む奨励措置が廃止，又は改革され，正の奨励措置が策定・適用される。
目標４：すべての関係者が持続可能な生産・消費のための計画を実施する。
目標５：森林を含む自然生息地の損失が少なくとも半減，可能な場合にはゼロに近づき，劣化・分断が顕著に減少する。
目標６：水産資源が持続的に漁獲される。
目標７：農業・養殖業・林業が持続可能に管理される。
目標８：汚染が有害でない水準まで抑えられる。
目標９：侵略的外来種が制御され，根絶される。
目標10：サンゴ礁等気候変動や海洋酸性化に影響を受ける脆弱な生態系への悪影響を最小化する。
目標11：陸域の17%，海域の10%が保護地域等により保全される。
目標12：絶滅危惧種の絶滅・減少が防止される。
目標13：作物・家畜の遺伝子の多様性が維持され，損失が最小化される。
目標14：自然の恵みが提供され，回復・保全される。
目標15：劣化した生態系の少なくとも15%以上の回復を通じ気候変動の緩和と適応に貢献する。
目標16：ABSに関する名古屋議定書が施行，運用される。
目標17：締約国が効果的で参加型の国家戦略を策定し実施する。
目標18：伝統的知識が尊重され，主流化される。
目標19：生物多様性に関連する知識・科学技術が改善される。
目標20：戦略計画の効果的な実施のための資金資源が現在のレベルから顕著に増加する。

(注15)　米国，日本，ドイツ，フランス，イタリア，イギリス，カナダの蔵相・中央銀行総裁会議（米国は連邦準備制度理事会議長）のことを示す。

第Ⅲ部

SDGsとESG

概要

環境政策は1972年にUNCHEにて国際的に必要性が確認され，1992年のUNCEDで「持続可能な開発」が国際的コンセンサスを得た。そして2012年にUNCSDにおいて「グリーン経済」が推進されるようになった。そして，作られた目標が「持続可能な開発のための目標（SDGs）」である。

SDGsを実現するには，人の活動を進めている企業の対策が最も重要である。この対策にはESG（環境，社会，ガバナンス）経営が不可欠である。また，グリーンファイナンスなど金融面からの活動が始まり，環境政策の手法はさらに広がっていくと予想される。

Keyword

ガイア仮説，金融，スチュワードシップコード，サプライチェーン管理，WBCSD，ステークホルダー，ISO14000シリーズ，ロハス，エシカル，グリーン購入，グリーンファイナンス，グリーンボンド１％クラブ，GHS

Ⅲ.1 政策の多様化

(1) 無秩序と法則

1979年にジェームズ・E・ラブロック（James E. Lovelock）が発表した「ガイア仮説」では，地球全体を１つの生命体とみなし，有機的に結びついているとされる考え方を示している。この仮説は，環境保護をイメージとして啓発的に示す際によく利用される概念である。実際には，ガイアは大地であり，生命体全体とするのは心象的な表現である。

そもそも母なる大地の神であるガイアは，ギリシャ神話では，すべてのものが生まれる源である混沌を示す神カオス（人の姿では表されていない）の娘とされている。混沌の状態を表すカオスは，複雑な「環境」に類似している。

混沌を解析したカオス理論は，複雑で予測がつかない運動や挙動などを考察するもので，自然の諸現象などに従うとされている。この理論では，一見複雑に見える（不規則で無秩序に見える）ものも，相互作用は，何らかの法則に従っていると考える。対義語のコスモス（cosmos）の意である秩序と調和を持つ宇宙（宇宙観）と紙一重ともいえる。

環境で発生している科学的な諸現象は，多くのものがこのカオス理論で解析していくことができると考えられる。指数関数で示される自然現象が，多くの要因の一次関数（直線）の重なりであることも少なくない。多くの人間は，複雑な要因や長期間の変化などを考慮して直視しているものを理解することはできない。

環境政策は，さまざまな政策の影響を不規則に受け，地球の歴史的な新たな知見や世界の状況にランダムに作用されるものである。複雑化してしまった社会科学的な要因を，１つひとつ解析して，生体，物理，化学等の分野ですでに行われているカオス理論の考え方を参考としていくべきであろう

特に経済政策は，自然を無視したバーチャル（virtual）な世界に入り込みやすい。環境政策は，正確な自然科学に基づいて進め，合理的な法政策のもとで経済政策の方向を修正し，資源政策などに長期的な視点を持たせれば，持続可能な道筋を与えていくことができる。したがって，環境政策は独立では検討することは困難であり，さまざまな政策と合理的な調整を図り進めていく必要がある。

⑵　曖昧な価値――チューリップバブル

①　自然と投機

金融は，しばしば現実を見失い，暴走することがある。過剰な利益を中心に考えすぎると，ヴァーチャルな世界から，現実の世界の無駄な「モノとサービス」を莫大に作り出す。その現象は，人の欲望のもとで連鎖反応的に進み，無理が限界に来たところで破綻する。ときには政治家などの意図的な（またはご都合主義のもとで）操作が行われ，歪んだ仮想現実が作り出されてしまうこともある。自然科学者でも金融の仮想空間を予測することは困難を伴う。

物理学者アイザック・ニュートン（Isaac Newton）は，英国造幣局長も務め，自ら投資，投機的な取引を行い，大損害を被っている。世の中の社会科学的な現象にも興味を持っていたと思われる。ニュートンは，万有引力の法則を確立し，微分・積分法を開発した偉大な学者であるが，金融市場の法則は十分な考察ができなかった。

投機のような売買取引の差益を計算するには，政府，企業，投資家および社会状況，あるいは人々の欲など変化の要因が多く，理論式は簡単に見いだすことはできないと思われる。さらに，支払いに銀行手形を利用した信用取引で流通が確保され，金利を支払って借金もできることから，「モノとサー

ビス」を過剰に作り出すことが可能になる。経済の拡大のみを目指すと天然の資源が大量に無駄に消費され，環境中の物質バランスの変化など全く考えずお金を生み出す目的だけの消費が行われていくこととなる。

この懸念が現実となった例として，1630年代のオランダに異常な投機が起こり，「モノ」の価値が見失われた出来事が発生している。オランダは，1581年にスペイン領から独立を宣言し，1648年にウエストファリア条約で（ネーデルラント連邦共和国として）国際的に承認された国である。スペインが1585年から始まったイングランドとの戦争で無敵艦隊が大打撃を受けるなど，相次ぐ戦いで弱体化したことでオランダへの軍事的脅威がなくなり，国の経済の先行きが大きく開けていった。独立前より商工業が盛んであったことから急激に経済発展が始まり，1631年にアムステルダムに新たな株式取引所が作られ，景気が上昇し，いわゆるバブル経済へと向かっていく。このような状況の中，チューリップに対する金銭的価値が異常に高騰し，チューリップ・バブル（Tulip mania）といわれる現象が発生している。

1841年にチャールズ・マッケイによって出版された『狂気とバブル―なぜ人は集団になると愚行に走るのか（Extraordinary Popular Delusions and the Madness of Crowds)』では，チューリップの球根１個が，「５ヘクタール（１ヘクタール＝10,000㎡）の土地と交換された」と記載されている。また，「家一軒と同じ値段になった，あるいは職人の年収の14倍であった」などといわれるほど高騰したともされている。「モノとサービス」が本来の価値を見失い，人の欲に基づいた異常に過熱した投機が発生している。購入した球根は短期間で売り抜け大きな利益を得るといった投機が多く，この取引が先物取引が始まるきっかけともなっている。

1637年に虚像が現実に引き戻される事態となる。価値が膨れ上がったチューリップの売買の手形が不渡りとなり，バブルが崩壊する。この投機に関わった投資家や一般公衆の多くが大損をし，費やされた資金で莫大な資源が消費され，膨大な廃棄物を発生させている。

図Ⅲ-1　**経済バブルの原因となったチューリップ**

投機は，対象となるものの「モノ」「サービス」そのものより，お金を得ることが目的である。環境負荷の増加，資源の無駄への考慮はない。根本的な人の生活を見失っている。世の中に無限に環境，資源があり，いつまでも欲求が満たせると考えている。資源消費の拡大によるGDP増大はいずれ終焉を迎える。

②　本来の自然の価値

チューリップは，16世紀半ばオスマン・トルコより欧州に伝来し，他にはない鮮やかな色を持つことから，当初は欧州の貴族の庭園に飾られ，自然の美しさが楽しまれている。現在では外来生物の一種といえ，人によって世界に繁殖していった植物ということとなる。トウモロコシをはじめ農作物も同様に貿易等で世界に広がり，人の手によって品種改良され，国際的に繁殖しているものも多い。これらは，人の手が加わらなければ絶滅の危機に瀕していたともいえる。

なお，チューリップ・バブルで異常に価値が膨れ上がった品種は，モザイク病というチューリップなど植物に特殊なウィルスが感染したもので健康なチューリップではない。赤色，紫色の花びらに白色または黄色の縞模様が入った複雑なデザインを持ったもので，科学的な知見が不十分だったため，価値の付け方も極めて不安定で，合理性は感じられない。

同様な投機は，人が作る芸術品にも起きる。作者が亡くなると，投機家は作品数が限定されたことによる値段の高騰に注目し，投機家にとっては作品の魅力より，値段の上下のみを優先し鑑賞されることはなく金庫にしまわれる。したがって，チューリップが病気であろうと値段が上がることが優先され，すべてのチューリップにウィルスが伝染していっても，チューリップの売買は続くと予想される。

しかし，モザイク病が人へ損害賠償対象となるような明確な被害を発生させ，あるいは罰則を伴った環境法令の対象となれば，社会的費用（環境コスト）を生じるため経済バブルは減速すると考えられる。この現象は，気候変動や生物多様性喪失などとよく似ており，明白な不利益が生じない限り，なかなか理解されない理由の１つでもある。

他方，投資と価値のバランスが崩れると，経済のあり方自体が不自然（または不安定）となる。巨大な公共投資を行うために莫大な額の国債を発行して，政府が金利や元本が支払えなくなると金融が不安定になる。この調整手段として，消費や企業の設備投資を大きくしてインフレを起こし，実質上の負債を減らそうとする。債券投資家は，インフレを起こすことができる政府や日銀（または中央銀行）に対して弱い立場といえ，預金者も金利を変更されるリスクを持っている。政府は，税率を上げ公共投資を増加させることもでき，納税者も弱い立場といえる。わが国では，しばしば不十分な事前調査で巨額な公共施設（一般に「箱モノ」といわれる建築物，過大なインフラストラクチャー整備）が建設され，無駄が問題となる。これに犯罪である「談合」も加わり，不正な利益の追求も行われる。不思議なことに，この現象は短時間に次々に繰り返されている。

③　経済政策と持続可能な開発

英国では，1712年に財政危機打開のために，国策として「南海会社（South Sea Company)」という会社を設立し，会社に南米および南太平洋の貿易の独占権を与え，政府の信用を得たこの会社は巨額の利益が得るとの期待が膨らみ株価が高騰している。そのまま経済バブル（南海バブル）が発生している。しかし，持続可能性がなかったため多くの自社株を持っていた経営陣が先行きに不安を抱き，1720年に株を一斉に売却したことで株価が暴落し，数ヵ月でバブル経済は崩壊している。英国経済への後遺症は大きく，1721年に制定された「バブル防止法」で企業の新たな株式公開が約100年間も禁止された。前述の物理学者ニュートンもこのバブルで大損をしている。

世界ではその後も経済バブルが繰り返し発生し，繰り返し株価が暴落している。政府が経済的誘導を間違えると同様な事態が発生するおそれがあり，自然資本に大きなダメージを加えてしまうことが懸念される。チューリップはとても鮮やかで人々を楽しませてくれるもので，これが自然から与えられた本来の価値である。チューリップバブルは，経済システムの中で短期間に無理に虚像が作り上げられてしまった。英国では，2008年のリーマンショックの後，中長期的な投資を促す「スチュワードシップコード」を発表し，安易な投機を抑制している。わが国も同様に日本版スチュワードシップコードが公表され，慎重な経済政策を進めようとしている。

経済バブルが発生すると，環境効率を持った商品の価値は見失われる可能性が高い。また，自然資本の価値も見て見ぬふりをする人が増え，気候変動や生物多様性喪失のように現実に起こっていることを，起こっていないと現実をねじ曲げようとする人も現れる。経済バブルを願っている人や目の前にある自然環境がいつまでもそのまま存在すると思っている人は，環境保全など考えずに行動し，自然が失われたときにやっとその現実を知ることとなる。経済バブルは繰り返し発生するが，自然環境は自然現象であり，いったん変化が始まると自然法則のもとで進み続け，人にとっては破滅的な状況に陥ってしまうこととなる。地球は，偶然が重なり，生態系が維持されている星であることを理解する必要があるだろう。

グリーンファイナンスは，人の活動の中心となっている経済活動の面から中長期的に環境保全が推進されることが期待される。これまでの資金調達，投資・融資とは異なった面を持つ。人類にこの考え方が理解されれば，「持続可能な開発」に向けた大きな一歩となるだろう。

⑶　ソフトロー

①　緩やかな規制

人類は，自然を利用する権利は主張するが，保護する義務はあまり果たそうとはしない。このような状況が続くと，人間のエゴのために自然システムが制御不能になることが懸念されている。自然生態系の中に生息する野生動物などが持つ権利に「環境権」があり，諸外国の複数の国で法律によって認められている。「環境権」は広い概念を持ち，憲法や法令で定められていなくても人が基本的な権利として持っているものである。自然のように法律によって保護がしにくいものに関しては，あいまいな規制であるソフトローによるコントロールが期待される。

ソフトローとは，現実の社会において，市民，企業，国家が，何らかの拘束力を持ちながら従っている規範のことをいい，法律や条例のように強制的な実行を保証されていない。しかし，広い範囲で自然環境を保護するためには欠かせないものである。近年では，企業や産業界が社会的な責任の観点から率先して環境保護のための自主的な規制を作成している。また，一般公衆の間では，汚染がない健康な生活を送り続けるためのライフスタイルに関した慣習が広がりつつある。

まず，企業の社会における役割が見直されているものとして，CSR（Corporate Social Responsibility：会社の社会的責任）があげられる。これは，企業が社会に対して負う責任のことをいい，企業に環境保全，経済性，社会性をバランスよく備えることを目指している。この活動が普及したきっかけは，企業の不祥事が多発したことで企業への信頼が大きく失われたことからであるが，その対象としている範囲は，雇用，労使関係，人権，差別，環境保全，汚染予防，情報開示，贈賄防止，消費者の利益など多岐にわたってきている。現在では，OECDなど国際機関や各国政府，ISOなどで普及のための議論が進められている。なお，ISO規格では，CSRではなく，もっと広い概念としてSR（Social Responsibility：社会的責任）規格を定めている。

この活動のステークホルダー（stakeholder：利害関係を持つ人）には，消費者，行政，投資者・融資者，取引先，地域社会，学生および従業員があげられる。わが国では，従業員をステークホルダーとする考え方はあまり理解されていない場合もあるが，最も重要なステークホルダーである。強制労働，優越的地位に基づいたパワーハラスメントなどはもってのほかである。

労働基準法や労働安全法およびその特別法は，必ず守らなくてはならないものである。

かつて企業は，良い品で安価な製品を大量に生産し，消費者に安定供給することが求められ，利潤を最大化し，投資者への利益を生み出すことが社会的な責任とされていた。しかし，この考え方にESG（環境，社会，ガバナンス）の視点が加わり，社会的な責任は変化・拡大し，ステークホルダーの監視のもとに透明で効率的な経営やさまざまなリスクに対するマネジメントの実施が求められるようになってきている。先進的な企業では，社外とのコミュニケーションを積極的に行い，社会の中での企業のあり方を定めているところも増えてきている。CSR活動は，広い視野を持ってバランスよく活動しなければならない。

②　グリーン設計

企業は人の生活に必要なモノとサービスのほとんどを供給している。環境政策においても，環境改善を図る重要な方策として，これら商品が環境に与える負荷を把握していかなければならない。商品は，経済システムの中で作り出されているものであるため，LCMに基づいて多方面から環境負荷を減らすための方法を考えていかなければならない。生産工程における環境対策が注目されがちであるが，人類全体の環境負荷削減を考える場合，商品のグリーン設計（有害物質の回避，省資源，リサイクル，廃棄物減量化）の開発と普及のほうが効果は極めて大きい。これにはサプライチェーン管理，使用済製品のリユース，リサイクルおよび適正処分も含めた対応が必要となる。

一般公衆へ環境保全活動のために我慢を啓発しても，持続性は期待できず，成果はあまり上がらない。また，企業に利益を考えない自主的な環境対策実施を訴えても，あまり現実性がない。無理な押し付けや圧力は，却ってフリーライダーを発生させる可能性もある。直接（急性的に）人体に被害が及ぶような有害物質汚染に対しては社会的な関心は高まり，政府や企業の具体的な行動も自然と進んでいく。しかし，ゆっくりとした（慢性的）汚染や地球規模に及ぶような環境破壊に関しては，関心は高まっても，なかなか具体的な行動にまで達しない。むしろ，多くの人々にとっては無駄なエネルギーを使い，莫大なモノを所有する贅沢な生活が憧れとなっている。これは現在のいたって普通の価値観である。価値観を変えることも非常に重要なことであるが，長い歴史を持った文化にも関わることなので，人類が直面している気候変動や慢性的な健康被害などには間に合わなくなってしまう可能性がある。そもそも価値観は，さまざまな利害関係を含めて極めて複雑に存在しているもので，統一的に変化させること自体困難である。

したがって，現在の生活におけるモノとサービスを維持したまま環境保全を行うには，まず商品そのものを環境保全型のものに変えていくことが最初の対策としては合理的である。省エネルギー製品のように費用節約に結びつくものは，多くの人に共通する価値観を満足させている（共通価値がある）。特に職場においては，節電，裏紙利用など，既存製品の環境保全型（経費節約型）の使い方が普及している。このような状況を踏まえると，節約に関わる環境設計も需要がすでに存在しているといえる。資源が高騰すれば，その傾向は当然強くなっていくことが予想される。また，社会的コストとして支払い義務がある環境コストが次第に明確化してくことで，環境負荷を発生させることが経営的にも無駄であることの理解が次第に広がっていくだろう。しかし，節電と称して暗い部屋で無理に労働を強制することは本末転倒である。経営者とっての節約による利益となり，一方的価値の創造となる。

化学産業が行っているグリーンケミストリー活動（日本では，グリーンサスティナブルケミストリー活動）では，化学物質および化学品の製造においてLCAを行い，汚染物質の排出，廃棄物を極力抑え，化学製品は，機能，効用を損なわずに毒性を低くすることが図られている。化学メーカーでは，レスポンシブルケア活動も国際的に展開しており，化学物質に対する従業員の安全衛生や周辺環境への注意は高い。

他方，製品の環境効率に関わるような環境政策は，複数の国際機関や各国政府でそれぞれに検討されているが，広い視野を持っての方策が期待される。

図Ⅲ-2　化学プラント

化学プラントでは，さまざまな原料を化学反応させ，化学製品を生成している。生成したものは，反応炉や蒸留塔などで分離精製され，目的物質を抽出している。通常の生成工程では，中間体（中間生成物）からさらに化学反応させ製品を製造する複数のステップがある。副生成物も化学物質であり，極力商品へ変える検討が行われる。

化学物質のライフサイクルのリスクマネジメントに関した政策についてはOECDのCPP（Chemical Product Policy），生産における原料採掘から廃棄・リサイクルにおいての製品の環境負荷を最小限にするための政策についてはEUのIPP（Integrated Product Policy）が示されている。特にIPPについては，EUで販売される電気電子機器（医療機器と制御・監視機器を除く）に関してRoHS指令が発効している。RoHS指令は，使用済製品のリサイクル推進規制であるWeee（Waste Electrical and Electronic Equipment：廃電気電子機器）指令（注1）やELV（End-of-Life Vehicles：使用済み自動車）指令（注2）と規制物質など調整が行われており，政策的に化学物質に関する環境保全が政策的に進められている。REACH規制と連動することで環境保全政策が一段と進捗する。

また，グリーン設計を円滑に進めるには，まず材料や資材調達の面から管理を図る必要もあり，協力会社等取引先も選定しなければならない。すなわち「グリーン調達」が図られることになる。グリーン調達を行うには，まずグリーン調達基準を作成しなければならない。この基準には，有害物質を回避していることと，納入製品に含まれる化学物資情報（SDSなど）の提出，製造時におけるその他環境配慮の実施および取引先事業所のISO14001の認証取得などが含まれている。貿易を行っている企業が多いわが国では，基準内容は，欧州および米国の環境規制の動向に大きく影響されることが多い。材料を提供する企業も欧米の環境政策の動向を調査し，戦略的に対処していくことが必要である。

③ 資源生産性

ドイツのヴッパータール研究所が1991年に発表した「ファクター10」では，「持続可能な社会を実現するためには，今後50年のうちに資源利用を現在の半分にすることが必要であり，人類の20%の人口を占める先進国がその大部分を消費していることから，先進国において資源生産性（Resource Productivity）を10倍向上させることが必要であること」を提唱している。ヴッパータール研究所は，ノルトライン・ヴェストファーレン州（NRW）科学センター所属の機関として当該提案年と同じ1991年に設立された。1995年には，ローマクラブの要請により「ファクター４」も発表し，「豊かさを２倍に，環境に対する負荷を半分に」することを提案し，「資源生産性を現在の４倍にすることが技術的に可能であり，かつ巨額の経済的収益をもたらし，個人や企業，社会を豊かにすることができる」としている。ファクター４では，資源生産性を次のように定義している。

資源生産性　＝　サービス生産量／資源投入量当たりの財

また，消費される物質に注目すると，次のように表され，資源の有効利用（または，枯渇対策）の指標としても分析することができる。

資源生産性　＝　サービス総量／物質総消費量

資源生産性の考え方では，資源の消費量が環境負荷の指標と考えられており，環境を広く捉え，環境のバランスについてマクロで考えている。資源が安定的に供給されなくなり，安定した価格が維持できなくなったときに，さ

らに注目度が高くなると思われる。

④　環境白書

わが国の環境省が発表している「環境白書」では，資源生産性は国内総生産額（gross domestic product：GDP）を天然資源投入量で除したものとして示し，国家的な環境政策的な観点から資源の効率化を検討している。

しかし，わが国で発生する廃製品のリサイクルは海外で行われることが多く，再生資源として国家間を移動している。生産の各工程が複数の国で行われている現在，１つの国家内で資源生産性を議論することには疑問である。すべての国で，すべての商品にリサイクル義務や長寿命性を法律によって義務化すると，単位当たりの材料（または物質）のサービス量は飛躍的に大きくなり，資源生産性は極めて高くなるだろう。すでに企業間では，この対処における優劣が発生している。中小企業も含めた誘導政策を進めていく必要がある。また，GDPが高くなると単純に資源生産性が高くなり，一見環境保全が進んでいるようになる。却って環境破壊が進むおそれがあり，注意すべきである。

(4)　SDGs

①　具体的目標

「持続可能な開発」の概念は，1980年にIUCN，国連環境計画，WWFによって公表された『世界環境戦略』で提唱され，1987年のブルントラント報告で国際的な注目を浴び，1992年に開催された「国連環境と開発に関する会議」のテーマとなったことで環境政策上極めて重要な考え方となっている。その後，2012年に開催された「国連持続可能な開発会議」で採択された「持続可能な開発及び貧困根絶の文脈におけるグリーン経済」で具体的な議論がなされ，「持続可能な開発目標」を策定するために「持続可能な開発目標に関する政府間協議プロセス：オープン・ワーキング・グループ」が設立された。そして，2015年９月25日に開催された第70回国際連合総会で「持続可能な開発のための目標（Sustainable Development Goals：以下，SDGsとする）」が採択されている。

SDGsには，2016年～2030年までに達成すべき環境政策，社会保障などの国際的な指針となる17の目標（表Ⅲ－１参照）と169項目の具体的内容が示されている。この目標には，2001年に2015年を達成期限として，社会保障関連の８つの目標が掲げられた「ミレニアム開発目標（Millennium Development Goals：MDGs）」を発展させた内容となっている。地球温暖化による気候変動に関する世界的対応についての目標13は，「気候変動に関する国連枠組み条約」における締約国会議が国際的政府間の交渉を行う基本的な対話の場であることが付け加えられている（気候変動とその影響に立ち向かうため，緊急対策をとる［Take urgent action to combat climate change and its impacts］）と記載されている。

SDGsは，各国の環境政策の目標であるが，企業戦略においても重要な示唆を与えている。企業のCSR活動にも直接関連しており，SRI（Socially Responsible Investment：社会的責任投資）で注目されている統合報告書の必要性を高めている。統合報告書では，非財務情報と財務情報を同時に公表し，ステークホルダーの評価を受けることとなる。投資家にとっては，ESG

表Ⅲ-1　SDGsにおける17の目標

目標１：貧困をなくす	目標11：持続可能な都市とコミュニティづくり
目標２：餓をなくす	目標12：責任ある生産と消費
目標３：健康と福祉	目標13：気候変動への緊急対応
目標４：質の高い教育	目標14：海洋資源の保全
目標５：ジェンダー平等	目標15：陸上資源の保全
目標６：きれいな水と衛生	目標16：平和，法の正義，有効な制度
目標７：誰もが使えるクリーンエネルギー	目標17：目標達成に向けたパートナーシップ
目標８：人間らしい仕事と経済成長	
目標９：産業，技術革新，社会基盤	
目標10：格差の是正目標	

出典：国際連合『我々の世界を変革する：持続可能な開発のための2030アジェンダ』国連文書A/70/L.1（2015年９月25日第70回国連総会で採択）より作成

投資の重要な情報となる。特に，中長期的利益を期待している投資信託，保険会社，年金運用機関などの機関投資家には，「持続可能な開発」を達成するための審査項目として不可欠である。今後はサプライチェーンも含めたライフサイクルマネジメントが厳格に実施されていくだろう。

②　環境効率

商品の環境評価を行う方法として環境効率性があげられる。環境効率（Eco-efficiency）は，持続可能な開発のための産業界会議（Business Council for Sustainable Development：以下，BCSDという）が提案したもので，「環境と経済の両面で効率的であることを意味する造語である。着実に省資源化・廃棄物の排出削減・汚染防止を推進しながら，従来以上に製品の付加価値を高めていこうとする一連のプロセスを示す。これには，環境管理・監査，クリーンな技術の採用，ライフサイクルアセスメントなどが含まれる。」（出典：ステファン・シュミットハイニー，フェデリコ・J・L・ゾラキン，世界環境経済人協議会『金融市場と地球環境－持続可能な発展のためのファイナンス革命』［ダイヤモンド社，1997年］23頁）と定義されている。

BCSDは，1995年に「世界産業環境協議会（World Industry Council for the Environment：以下，WICEという）」と合併し，世界環境経済人協議会（The World Business Council for Sustainable Development：以下，WBCSDとする）となった。WBCSDには，33ヵ国の主要な20の産業分野から120名以上のメンバーが集まっており，経済界と政府関係者との間で密接な協力関係を築いている。OECDでは，今後30年間で10倍の環境効率の向上が必要であるとしており，WBCSDへの協力を表明している。

1980年代に，オゾン層の破壊によって地上へ降り注ぐ紫外線の増加が問題となった際に，オゾン層を破壊する原因物質（フロン類，ハロン類等）に対して，環境保全を目的とした国際条約による生産・使用規制が初めて検討され，規制が実施されている。この対策にあたって，各国の大手フロンメーカーが協力してフロン類代替を進めた。このことがきっかけとなり，地球環境保護に関する企業の取り組みが積極的となる。1990年頃から欧州や米国の企業では，自社の環境への取り組みを冊子にまとめた企業環境レポートも公表されるようになっている。

当初前記のBCSDは，「国連環境と開発に関する会議」の事務局長モーリス・ストロング氏からの産業界への要請に基づいて1990年に設立された組織である。1992年に開催された「国連環境と開発に関する会議」に向けて，「持続可能な開発のための経済人会議宣言」も発表しており，その中で「開かれた競争市場は，国内的にも国際的にも，技術革新と効率向上を促し，すべての人々に生活条件を向上させる機会を与える。そのような市場は正しいシグナルを示すものでなければならない。すなわち，製品及びサービスの生産，使用，リサイクル，廃棄に伴う環境費用が把握され，それが価格に反映されるような市場である。これがすべての基本となる。これは，市場の歪みを是正して革新と継続的改善を促すように策定された経済的手段，行動の方向を定める直接規制，そして民間の自主規制の三者を組み合わせることによって，最もよく実現できる。」（出典：ステファン・シュミットハイニー，持続可能な開発のための産業界会議『チェンジング・コース』［1992年，ダイヤモンド社］6～7頁）と産業界の明確な視点を示してる。

環境評価の指標の基本的な考え方は，次のように示される。

環境効率＝製品またはサービスの価値（量）／環境負荷［環境影響］（量）

1つの製品の「価値」または「消費者に与えるサービス」は，増加するに従い環境効率は高まる。製品の長寿命化，リユースおよびリサイクル率，再利用回数が増加するに従い，サービス量は増加する。資源循環型システムが構築されれば，市場に存在する製品の生涯におけるサービス量は飛躍的に増加する。したがって，製品が与えるサービスの量は，時間的要素と空間的要素の両方を考慮する必要がある。

また，「環境負荷」は，さまざまなものが考えられる。本来は，材料資源の採取から運搬，生産，使用，リサイクル，廃棄最終処分までのLCAに基づいた製品の生涯の総環境負荷量を示す必要がある。しかし，現状ではすべての情報を収集分析できるものは極限られたものとなるだろう。また，環境負荷の種類もさまざまな有害性および危険性（爆発，火災），地球環境破壊（オゾン層破壊，地球温暖化），生物多様性の喪失など種々にあり，すべての環境負荷を算出することは不可能に近い。各項目の重み付けも困難である。したがって，上記環境効率の算出にはある一定の条件を設定しての環境指標になる。

他方，企業の環境対策のパフォーマンスに注目すると，環境会計の観点から環境効率を次のように表すことができる。

環境効率　＝　環境負荷削減量／環境コスト

また，見方を変えると次のように表現することもでき，特定の環境問題に対する環境対策パフォーマンスの効率に関する分析が可能である。したがって，環境対策（投資）で改善された変化を環境効率によって確認することができる。

環境効率　＝　環境パフォーマンス／財務パフォーマンス

さらに，商品としての価値，または経営評価と環境負荷との関係を分析する場合は，次のような検討が考えられる。

環境効率　＝　売上高（または利益）／環境負荷量

環境効率の分析は，まだ議論すべき点は多いが，指標としては有効であると考えられる。ただし，個別製品の環境負荷の減少など，環境パフォーマンスの変化の指標とすることは可能であるが，異なる製品の環境パフォーマンスの比較に合理性を持たせることは困難である。

図Ⅲ-3　環境と資源利用の今後

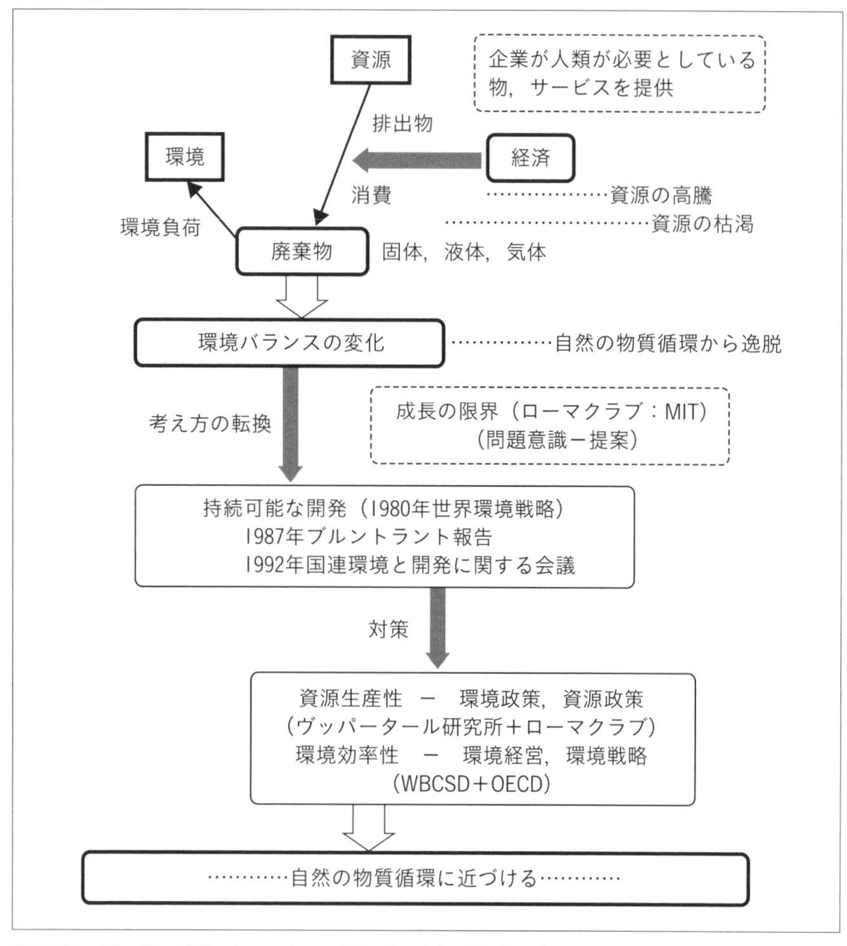

WBCSD＝The World Business Council for Sustainable Development
：持続可能な発展のための世界経済人会議
MIT＝Massachusetts Institute of Technology：マサチューセッツ工科大学

Ⅲ.2　評価による誘導

(1)　ESG経営

①　SRI

企業の長期的な安定性や成長性をCSRの観点から評価をして投資を行うSRI（Socially Responsible Investment：社会的責任投資）が，国際的に急速に広まりつつある。

欧米には，以前から倫理的投資（Ethical Investment）という考え方があり，タバコやアルコール，軍需産業などの特定の業種を排除する「ネガティブスクリーニング（negative screening)」が行われていた。当初SRIも，企業を評価する際，企業にとって不利益な情報である「ネガティブ情報（negative information)」を収集し，個々の企業を審査するネガティブスクリーニングを行い，投資先から外すことから始められている。ネガティブ情報としては，環境問題，人権問題，武器・戦争関連，労働問題，倫理問題などが取り上げられる。

米国では，1960年代にベトナム反戦運動から戦争に関与する企業への投資を控える動きが起き，企業の不祥事によって注目を浴びたCSR評価がSRIに影響を与えている。また，英国，ドイツ，フランス等欧州諸国の政府は，2000年から年金基金に対して，投資の際，環境や人権などをどの程度重視しているか公表するように求め始め，軍事独裁国への投資や民族・性差別，公害を生み出すような事業には投資を行わないよう指導している。

環境保全におけるネガティブ情報は，工場など事業所敷地での土壌汚染の判明，工場事故などによる有害大気汚染物質の放出，産業廃棄物不法投棄などがある。このような環境配慮がない企業は，社会的な信用を失い，経営リスクが拡大することが予想され，企業の価値自体が低下すると考えられる。対して，倫理的投資の経験が少ないわが国では，欧米に影響される形で広がっていくと思われる。

今後はCSR活動の評価に基づく「ポジティブスクリーニング（positive screening)」が活発になっていくと予想される。ポジティブスクリーニングとは，企業がアピールしたい情報である「ポジティブ情報（positive information）に基づいて，社会的に責任を果たしている企業を抽出する方法である。企業環境レポート（または，CSRレポート）には，多くのポジティブ情報が記載されている。基本的な情報としてSRIの有益な判断材料となっている。

② 説明責任

企業が一般公衆に対し実施する説明責任として，情報公開を進めたものに製造物責任があげられる。米国の製造物責任訴訟でさまざまな商品が対象となり，高額な損害賠償金や示談金が支払われたことでわが国でも注目された。その結果，企業の説明責任が，IR（Investors Relations）だけでなく，CSRとしてさまざまなステークホルダーに対して行うことが必要になってきている。

有害物質汚染に関しては，労働者に対する作業環境に関する説明責任をまず確保すべきであろう。化学物質汚染の対処（未然防止および再発防止）として，米国スーパーファンド法で定められた住民の「知る権利」は，そもそもは労働安全衛生の面の法制度であるOSHA（Occupational Safety and Health Act of 1970）で労働者の権利として定められたものが発展し，一般公衆の権利として制定された。

また，PRTR（Pollutant Release and Transfer Register）制度（日本では「特定化学物質の環境への排出量の把握等及び管理の改善の促進に関する法律」），環境影響評価制度や製品表示システムなど，わが国でも一般公衆に対して多くの「知る権利」が確保されている。しかし，あまり注目されているとは思われない。化学物質に関しては，自然科学に関した知識が必要であり，法制度に関わるものは法律に関する知識も必要となる。情報があっても，一般公衆にとって，その収集の仕方，データの評価が簡単にできないといった壁がある。したがって，企業環境レポート，またはCSRレポートは企業と一般公衆の環境リスクコミュニケーションとして重要である。

多くの企業では，レポート作成に当たってGRI（Global Reporting Initiative）ガイドラインや環境省が公表しているガイドラインを参考しにているが，一般公衆サイドはその存在も知らないものが多い。高い信頼性を持った情報に基づいた興味ある内容にしていく必要がある。第三者が行う環境面に関する企業評価も新聞社やNPO（Non-Profit Organization）などで行われており，「環境格付け」など公表されているものもある。また，エコファンドのように，専門機関が投資の際の重要な評価項目として企業にプライオリティをつけているものもある。しかし，企業が行う環境活動は，業種，会社の形態，経営者の方針等で異なっているため，これらを記述して公開される企業環境レポートは，企業間で比較可能にはなっていない。この対処として「第三者意見」の添付などで信頼性を持たせている。

今後，他の経営指標と同様に定量的な企業間比較ができるような法令が制定されることが望まれる。CSRレポートの作成はアウトソーシングで行われることも多いが，社会的に重要な公表となりつつあるため，モニタリング規制における環境計量士のような専門家（または審査員）を養成し，公表内容についての公的な証明システムが必要である。

③　情報の整備と整理

環境活動を行う際，ISO14000シリーズで取り入れられているPDCAサイクルが取り入れられていることが多い。PDCAサイクルとは，「計画立案(Plan)→実行(Do)→チェック(Check)→再確認後の行動(Act)」を意味しており，これら行動は企業のトップダウンによることが前提となっている。トップダウンによってシステムは円滑に運営されるが，双方向のコミュニケーションがなくなると一方的な命令になり，形骸化するおそれがある。なお，ISO14000シリーズ（TC 207）で取り組まれている次に示す環境項目は，企業内（または組織内）で検討すべきものとして非常に重要である。

SC 1 ；環境管理（環境マネジメント）システム
(Environmental Management Systems：EMS)
SC 2 ；環境監査
(Environmental Audit またはEco - Audit：EA)
SC 3 ；エコラベル
(Environmental Label またはEco- Label：EL)
SC 4 ；環境パフォーマンス評価
(Environmental performance evaluation：EPE)
グリーンボンド（Green Bond）
SC 5 ；ライフサイクルアセスメント
(Life Cycle Assessment：LCA）ウォーターフットプリント
SC 6 ；(用語と定義T&D)
SC 7 ；温室効果ガス，気候変動
(Green House Gas)（Climate Change)
WG　マテリアルフローコスト，土地劣化及び砂漠防止，グリーンファイナンス

※SC：subcommittee　WG：Working Group

エコラベルや環境パフォーマンスは，一般公衆など社会的な評価が直接行われるため，環境コミュニケーションとしても重要である。

また，WICEが，1994年に発表した「環境レポーティング　マネージャーズガイド」には，企業の各ステークホルダーと複数の評価項目についてマトリックス分析を行うことが提案されている（なお，WICEは，1995年にBCSD（Business Council for Sustainable Development：持続可能な開発のための産業界会議）と合併し，持続可能な発展のための世界経済人会議

(WBCSD) になった。)

このガイドラインでは，ステークホルダーとしては，次のものがあげられている。

消費者，労働者，環境NGO，投資者，地域住民，メディア，科学者・教育機関，供給業者・契約者・ジョイントベンチャーパートナー・ディーラー，貿易・産業・商業協会

また，評価項目（大分類）として次のものが取り上げられている。

質的項目，管理，量的項目，生産物

評価項目は，個別企業によってさらに細分し，ステークホルダーとの関係を検討し，企業環境レポートの記載項目の内容と示し方を定めていくことで，充実した情報公開となっていく。

また，協力企業などから情報を収集する方法として，企業が独自で公表しているグリーン調達があげられる。グリーン調達基準を示すこと自体が，企業の環境への取り組み姿勢を示していることとなり，サプライチェーン管理の面からも重要な手法となる。自動車業界のようにIMDS（International Material Data System）を導入し，業界の環境情報（部品など）を整備して，協力会社を選定することも進められている。このようなシステムはESG経営を効率的にする。わが国の化学メーカーなどでは，SDSをインターネット上で公開しているところもあり，環境情報の公開に関して意識の高い企業は増加していると考えられる。

(2)　環境商品

①　環境性能

ビジネス上の何らかの接点があれば，異業種であってもサービスを奪い合っている現在，商品におけるサービスとモノの関係は，これまでになく複雑となっている。

ロハスビジネスといった「環境」のイメージを持つ商品やサービスもある。そもそもロハスは，1998年に米国の社会学者ポール・レイと心理学者シェリー・アンダーソンが提唱したもので“Lifestyles Of Health And Sustainability”の頭文字をとってLOHAS（ロハス）との名称となった。直訳すると「健康で，持続可能なライフスタイル」となり，当初は，オーガニック（organic）のモノを求めて，有機農作物などを食するようなライフスタイルが主流であった。しかし，その後対象とするものが急速に広がり，大きな市場となった。自然や環境保護をイメージした商品はほとんどが含まれる。

その後，エシカル（ethical）商品の概念も生まれ，社会的責任で注目されるフェアトレードなどの考え方も含み「エシカルコンシューマー（ethical consumer）」を誕生させた。対象となる商品は，エシカルファッション，エシカルジュエリー，エシカル投資などがある。

環境性能を持たせることは経営戦略上不可欠となってきており，製品開発の一部となりつつある。商品の環境負荷はコストであることが次第に広く理解されるようになってきた結果である。

しかし，これらの商品の環境性能を評価する項目はさまざまにあり，環境指標を簡単に示すことは非常に難しい。「あいまいな表現」で広告に用いられるものも多く，消費者の誤認を起こさせるものもある。中には，不当な（事実に反した）表示や誇大広告もあり，1990年代後半に社会的な問題となった。このような違法行為は，「私的独占の禁止及び公正取引の確保に関する法律」の特例として定めた「不当景品類及び不当表示防止法」で取り締まられている。この法律の運営を担当する行政機関は，公正取引委員会（以下，公取委とする）[注３]が行っている。

公取委が，2001年３月に公表した「環境保全に配慮した商品の広告表示に関する実態報告書」では，消費者モニターを対象に，日常よく目にする商品の包装，ラベル，容器等における「環境保全」に関する広告表示の収集依頼を行った結果，「石けん・洗剤類，スポンジ類，水切りゴミ袋類，食品包装用ラップ類等が多かった」と示されている。日常生活においても環境商品がかなり普及していることがうかがえる。また，環境保全に配慮していることを示す広告表示の主な内容として，以下のものが示されている。

① リサイクルされた成分・素材を使って製造されていること
② 商品そのものが使用後にリサイクルすることが可能であること
③ 燃やしても有害ガスが発生しないなど廃棄時を考慮していること
④ 詰め替え可能・簡易包装などごみの減少に資すること
⑤ 第三者機関によって認定されたマーク等の使用

上記項目の内容は，漠然としており，おおよそのイメージで環境保全を捉えていることがわかる。例えば，①「リサイクル」といっても，「マテリアルリサイクル」，「サーマルリサイクル」および「ケミカルリサイクル」があり，廃商品によっては，マテリアルリサイクルが必ずしも環境効率が向上するわけではない。②のリサイクル性の追求のみに偏ると，最も重要な長寿命性やリユースが失われる可能性がある。

また，当該報告では，公取委が次に示す「環境保全に配慮していることを示す広告表示についての５つの留意事項」が提示されている。

＜公正取引委員会の５つの留意事項＞
―環境保全に配慮していることを示す広告表示の留意事項―

① 表示の示す対象範囲が明確であること

環境保全効果に関する広告表示の内容が，包装等の商品の一部に係るものなのか又は商品全体に係るものなのかについて，一般消費者に誤認されることなく，明確に分かるように表示することが必要である。

② 強調する原材料等の使用割合を明確に表示すること

環境保全に配慮した原材料・素材を使用していることを強調して表示する場合には，「再生紙60％使用」等，その使用割合について明示することが必要である。

③　実証データ等による表示の裏付けの必要性

商品の成分が環境保全のための何らかの効果を持っていることを強調して広告表示を行う場合には，当該商品を通常の状態で使用することによって，そのような効果があることを示す実証データ等の根拠を用意することが必要である。

④　あいまい又は抽象的な表示は単独で行わないこと

「環境にやさしい」等のあいまい又は抽象的な表示を行う場合には，環境保全の根拠となる事項について説明を併記するべきである。

⑤　環境マーク表示における留意点

環境保全に配慮した商品であることを示すマーク表示に関して，第三者機関がマーク表示を認定する場合には，認定理由が明確に分かるような表示にすることが求められる。また，事業者においても，マークの位置に隣接して，認定理由が明確に分かるように説明を併記する必要がある。

出典：公正取引委員会ホームページ環境保全に配慮した商品の広告表示に関する実態報告書」より（http://www.jftc.go.jp/）（2008年４月）

本留意事項は，環境商品の誤認や誇大広告など不当な表示・イメージの排除に非常に有効であると考えられる。特に「環境にやさしい」という表現は，簡単に使用される言葉であるが，曖昧な表現であるので，広告として使用する場合は注意する必要がある。

リゾート開発，オフロード自動車・バイク，自然観光，および野外体験などは，自然への配慮を必要とするものであり，環境にやさしいのではなく，環境へのやさしさが必要な行為（環境負荷を最小限にすべきもの）である。また，環境商品を明示する環境表示（環境ラベル）は，非常に多くの種類があり，すべてのマークを理解している人は極めて少ない。しかしながら，その内容説明を詳細に商品に記述しても，すべてを読み，すべてを理解する人は少ないため，重要な部分のみをわかりやすく表示する必要がある。面倒と思わせるほど詳細に内容を説明した文章を記述しても，全く読まなくなる可能性が高く，却ってリスクを拡大させる可能性も懸念される。

他方，政府が環境商品を購入する基準が「国等による環境物品等の調達の推進等に関する法律」（以下，グリーン購入法とする）によって定められている。グリーン購入法では，国等の機関が特に重点的に調達を推進すべき物品として「特定調達品目」を定め，分類とその品目が指定されている。国等の各機関（各省庁や独立行政法人等の公的機関）が率先して環境物品等（環境配慮型製品）の調達を推進することで，一般市場での環境商品の競争力を持たせようとしている。さらに事業者，国民に対しても，それぞれが可能な限り環境配慮型製品を選んでいくよう努力することも定めている。

②　環境ラベルと情報表示

国際的な環境ラベルの基準として注目されるものに，国際標準化機構が発表しているものがある。この基準は，環境規格として整備されている1SO14000シリーズの中で「環境ラベル及び宣言（Environmental labels and declarations)」として作成され，タイプⅠからタイプⅢに分けられ，14020番台に定められている。その詳細は，次のように示されている。

＜ISO環境規格：環境ラベル及び宣言＞

①　一般原則（ISO14020）
- ISO 14020番台の他の規格（タイプⅠ，Ⅱ，Ⅲ）とともに使用することを要求

②　タイプⅡ（ISO 14021）
- 事業者等の自己宣言による環境主張
- 自社基準への適合性を評価し，製品の環境改善を市場に対して主張
- 宣伝広告に適用

③　タイプⅠ（ISO14024）

・第三者実施機関によって運営
・製品分類と判定基準を実施機関が決定
・事業者の申請に応じて審査して，マークの使用を認可
④　タイプⅢ（ISO14025）
・製品の環境負荷に関する定量的データの表示

タイプⅠ（第三者機関による審査）としてわが国で運営されているものに，「エコマーク」があげられる。エコマークは，1989年より始められ，財団法人日本環境協会が商品ごとに審査し，認定を行っている。審査基準は，商品の環境負荷が少なく，環境保全に役立つかどうかについて実施されている。

タイプⅡ（事業者等の自己宣言）は，電化製品をはじめさまざまな自己宣言マークが発表され，すでに市場にある製品に数多く添付されている。会社ごとに異なるラベルのデザインが作られているため，混同する可能性がある。

タイプⅢとしては，社団法人産業環境管理協会が運営している「エコリーフ環境ラベル」がある。2002年に始まったもので，LCAに基づいて環境負荷を定量的に算出し，公表するシステムとなっている。公開された情報は，そのデータを受け取った者が評価することとなる。

また，環境省では，2008年1月に「環境表示ガイドライン～消費者にわかりやすい適切な環境情報提供のあり方～」を公表し，適切な環境表示，国際標準（タイプⅡ規格）への準拠―環境表示の必須条件－，第三者機関の「環境表示」のあり方などを示している。

有害物質を含有する家庭用品については，「有害物質を含有する家庭用品の規制に関する法律」で安全が図られている。塩化水素など家庭用品に使用される健康被害を発生するおそれのある有害物質は，含有量，溶出量または発散量に関し必要な基準が定められ，製造，輸入または販売が規制されている。また，家庭用品の品質に関する表示に関しては，「家庭用品品質表示法」によって適正化が図られている。この法律の対象製品は，繊維製品，合成樹脂加工品，電気機械器具および雑貨工業品で，一般消費者がその購入に際し

品質を識別することが著しく困難であるものと定められている。これら製品には，成分，性能，用途，貯蔵法その他品質に関し表示すべき事項および表示の方法などに際して製造業者，販売業者，表示業者が遵守すべき事項が義務づけられている。ただし，品質表示を遵守しない製造業者などには，経済産業大臣による指示・公表，適性表示命令，強制表示命令などが行われる。

③　省エネルギー

省エネルギーに関したラベルによる環境指標として，コンピュータ，ディスプレイ，プリンタ，ファクシミリ，コピー機，スキャナーなどについて，国際エネルギースタープログラム制度による登録が，米国とわが国との政府間相互認証（日本での登録が米国でも有効）で運営されている。この登録製品には，特別なロゴマーク（エネルギースターマーク）が付されている。

わが国では，「エネルギーの使用の合理化等に関する法律（以下，省エネルギー法とする）」が1979年に公布されて以降，エネルギーの安定供給を目的として省エネルギーに関した法政策が積極的に実施されている。京都議定書が採択された1997年12月以降，気候変動防止（化石燃料燃焼抑制）の面からも省エネルギーが注目されている。1998年には地球温暖化対策について政府がすべき施策を定めた「地球温暖化対策推進大綱」(2005年４月に「京都議定書目標達成計画」に受け継がれている）および「地球温暖化対策の推進に関する法律」が制定された。

省エネルギー法も1998年に省エネルギー基準が大幅に改正され，民生部門の規制対象の拡大などが行われた。注目すべき制度として「トップランナー方式」が導入があげられる。この方式では，電気機器や自動車の燃費の省エネルギー基準を，現在商品化されている個々の製品のうち最も優れている機器の性能以上にすることが定められ，担保措置として以前の勧告に加えて，性能の向上に関する勧告命令や罰則［罰金，懲役］が追加規制された。

省エネルギー法では，トップランナー方式による規制の対象となるものを「特定機器」(注４) とし，「電気機器／ガス機器（エアコン，冷蔵庫，テレビ

図Ⅲ-4 省エネルギー法に基づく省エネルギーマークの例

省エネルギーの性能を示すラベルを添付し，消費者にも理解しやすくしている。なお，年間消費電力量は，家庭用品品質表示法によって義務づけられている。「JIC C 9801-2006年」の表示は，法によって定められているJIS（Japanese Industrial Standard：日本工業規格）による消費電力量測定方法である。冷蔵庫・冷凍庫の場合，周囲温度30℃測定による1日当たりの消費電力量180日分と周囲温度15℃測定による1日当たりの消費電力量185日分の合計である。

等の16品目）」については，「省エネラベリング制度」（JIS 規格）が導入されている。ラベルに表示される内容には，①省エネルギー基準達成の目標時期，②製品の省エネルギー基準達成状況を示す省エネ性マーク（グリーンは達成，オレンジは未達成），③省エネルギー達成率（「％」で示される），④年間消費電力量などエネルギー消費効率（測定方法は，製品ごとに法によって定められる）がある。

なお，省エネルギー法による工場に係る措置では，コージェネレーションシステムなどエネルギー使用の合理化の適切かつ有効な実施を図るため，経済産業大臣によって，エネルギーを使用して事業を行う者の判断の基準となるべき次の事項が定められ，公表されている（エネルギーの使用の合理化に関する法律第５条［平成18年６月２日法律第50号］）。

① 燃料の燃焼の合理化
② 加熱及び冷却並びに伝熱の合理化
③ 廃熱の回収利用
④ 熱の動力等への変換の合理化
⑤ 放射，伝導，抵抗等によるエネルギーの損失の防止
⑥ 電気の動力，熱等への変換の合理化

（なお，前項に規定する判断の基準となるべき事項は，エネルギー需

給の長期見通し，エネルギーの使用の合理化に関する技術水準その他の事情を勘案して定めるものとし，これらの事情の変動に応じて必要な改定をするものとする。）

他方，化石燃料を最も大量に消費する運輸関係の省エネルギーが注目されている。中でも交通需要マネジメント（Transport Demand Management：TDM）については，自動車利用の仕方の変化（カーシェアリング，リース），パーク・アンド・ライドシステム，物流・乗車などの効率化，交通量の集中回避などの管理がある。また，交通用信号機や家庭用照明用のLED（Light Emitting Diode：発光ダイオード）（注5）など既存電気機器も開発，普及が進んでいる。

Ⅲ.3　グリーンファイナンス

(1)　金融の転換期

①　貸し手責任

1990年代から商品の欠陥等による製造物責任に関して貸し手責任（lender liability）が注目され，環境責任に関してもドイツ，米国等をはじめ国際的に認知されている。わが国も2003年に「土壌汚染対策法」が施行されてから，汚染地の担保価値の急激な下落が問題となり，融資基準の重要な評価項目になっている。近年では，省エネルギーや健康への影響（有害物質の含有など）など環境保全面の性能が商品（モノ，サービス）そのものの価値に直接影響を及ぼすようになり，融資の面からさらに検討されるようになってきた。さらに投資，債券発行への影響も強めている。

金融に関わるシステムは，ここ数百年で次々と変化してきており，お金でお金を増やす投資や貯金，融資など次々と複雑になっている。国内外の社会的変化とも密接な関係があり，社会動向に敏感に反応している。一昔前までは，環境問題と金融とは一見どのように関係しているのかイメージがわかない人も多く，経営者の多くも環境配慮は単なるコストとしかみなしていないのが当たり前であった。しかし，気候変動，紫外線の増加，原子力発電所事故による放射性物質の放出など環境破壊が人の生活に影響し，会社経営にも大きなダメージを与えることが明白となり，現在では環境保全を考えないと商品の価値を失うことが一般的に理解されるようになった。

金融関係者もESG経営の評価が，企業評価として避けては通れないことを認識してきている。この影響は，投資や融資する際の審査および資金の調達・融通，財務状況の管理・評価などにも及んでいる。金融面での新たな評価項目として環境保全・改善が追加されたことで，生態系のサービスなど自然資本を考慮した社会システムが整備されていくと予想される。

② G20サミット

金融における環境市場の拡大は，2016年９月に中国・杭州で開催されたG20（注６）杭州サミット（summit：首脳会議）から一段と強くなっている。この議論には同年から発効していたSDGsが大きく影響を与えている。当該サミット首脳コミュニケ（communiqué［仏語］とは，公式な会議での合意文書［意思表示］のことを意味する）では，グリーンファイナンスを推進していくことが具体的に文書で示され，第21項で，「環境面でグリーンファイナンスを拡大することが必要なことを認識している。」と述べている。しかし，「環境の定義に関する明瞭さの欠如」も指摘しており，環境プロジェクトの範囲が曖昧であることが問題として取り上げられている。この他，環境プロジェクトの成果が現れるには長期間を要し，融資による短期間の返済は困難であることから「償還期間のミスマッチ」も指摘している。

2017年７月にドイツのハンブルクで開催されたG20サミットでは，会議の１ヵ月前（2017年６月）に米国が「気候変動に関する国連枠組み条約」の「パリ協定」から脱退することがトランプ大統領から正式に表明があったことから，各国から地球温暖化がもたらす環境リスクについて危機感が取り上げられた。ハンブルクサミットコミュニケでは，「エネルギー及び気候」に関して米国の「パリ協定」離脱が留意事項として確認され，他国と緊密に連携するよう努めることが求められた。また，SDGsについても国連の活動を支持することが示された。その他の具体的に取り上げられた環境改善項目として，①食料安全保障のため水および水関連の生態系を保護・管理し効率的に利用するよう目指すこと，②資源の効率性と持続可能性の向上・持続可能な消費形態の促進，③海洋ごみの発生の予防・削減，がある。

この２回のG20サミットのコミュニケで，グリーンファイナンスに関しての国際的な方針が示されたといえる。これにより信頼度が向上し今後の環境関連プロジェクト実施への大きな追い風になったと考えられる。

(2) グリーンボンド

① 環境プロジェクトの資金調達

環境保全プロジェクトへの融資や投資でさまざまな事業を対象とするグリーンファイナンスは，プロジェクト計画の評価が極めて重要となる。また，国際的にすでに市場が大きくなっている債券の場合，投資家にとっては発行体の信用度も審査の対象である。グリーンボンド（green bond：環境債券）(注7) では，公共的要素が大きいビジネスや公共事業そのものに対しての資金投入が主に行われているため，リスクが低い金融商品とみなされている。さらに，金利が下がれば注目度が高くなる。ただし，環境負荷を少なくするためのプロジェクトへの投資は，比較的新しい手段となることから，共通のコンセンサスが重要となる。

中国では，PM2.5をはじめ大気汚染や都市部等での水質汚濁が深刻な被害を及ぼしている。その汚染の大きな原因の1つとして，大量の石炭をはじめ莫大な化石燃料を消費して得られるエネルギーが問題になってることから，省エネルギー技術の導入や再生可能エネルギーへの転換を進めている。しかし，経済成長の失速もあり，環境改善のプロジェクトのためにグリーンボンドによって海外から資金を得ることが盛んに行われている。

また，グリーンボンドの社会システム形成のために，世界銀行グループである国際復興開発銀行が2015年に解説書を作成している。わが国の環境省も2017年3月に『グリーンボンドガイドライン』を発表している。

他方，2017年1月より中国人民銀行とイングランド銀行が共同議長となり「グリーンファイナンススタディグループ（Green Finance Study Group：GFSG)」が設立され，「G20グリーンファイナンス総合レポート」を同年7に開催されたG20サミットに提出している。このレポートでは，「ローカルなグリーンボンド市場の発展を支持し，グリーンボンドへの国境を越えた投資を円滑化するための国際協調を促進し，環境及び金融リスクに関する知識の共有を促進及び円滑化し，グリーンファイナンスの活動及び影響の測定方法を改善するために努力が払われるべきである。」とグリーンボンドの国際的進展を支持する内容が示されている。

②　気候関連財務情報開示

気候変動防止・対策に関して「京都議定書」で十分な成果が得られなかったことから，中長期的な環境保全，生態系の維持が難しくなっている。米国など複数の国の政府や産業界が地球温暖化防止に要する多額の費用に懸念を抱き，短期的な経済への損失の回避を優先していることが原因である。しかし，グリーンファイナンス面からは，地球温暖化のリスクに関して危機感を抱き，検討が始まっている。この具体的な活動として2015年４月にG20財務大臣・中央銀行総裁会合コミュニケにおいて，金融分野における今後の対処に関する検討実施を金融安定理事会（Financial Stability Board：以下，FSBとする）（注８）に指示している。

2015年12月にFSBでは，「気候関連財務情報開示タスクフォース（Task Force on Climate-related Financial Disclosures：以下，TCFDとする）」を設立し，「適切な投資判断を促すための一貫性，比較可能性，信頼性，明確性をもつ，任意の開示に関する提言の策定」が行われ，2017年の６月に最終報告を公表している。G20では，TCFCの報告に基づき，具体的な検討が進められている。一方，環境NGOであるCDP（Carbon Disclosure Project）がアンケート方式で各国の主要企業に実施している「気候変動への対策や地球温暖化原因物質の具体的な排出量」の情報は，当該NGOの会員である機関投資家の投資判断に重要な影響を与えている。関連データの整理には，産業界（WBCSDや主要企業），WRI，環境NGOなどで組織されている「GHGプロトコルイニシアティブ（Greenhouse Gas protocol initiative）」が提案した「GHG算定基準（スコープ１～３）」が国際的に注目されている。情報の整理にはサプライチェーンマネジメントの評価が重要となる。

なお，再生可能エネルギーへの投資が積極的に行われているが，再生可能

図Ⅲ-5 グリーンファイナンスの対象となる再生可能エネルギー施設

再生可能エネルギー施設は広大な土地を使って行われるため，土地利用の変化，莫大なメンテナンスが必要となり，LCAに基づくLCC評価によるコスト評価が必要となる。

（繰り返し利用可能）であるのは自然エネルギーであって，電気などを作り出す装置には寿命がある。巨大な電力を作り出す火力発電所，原子力発電所に比べると２分の１から数分の１の寿命しかない。加えて，現在必要な電力を生み出すには再生可能エネルギーを作り出す装置は莫大に必要になり，耐久年数を考えるとさらに数倍の装置が必要となる。したがって，LCAを考慮すると，再生可能エネルギーは莫大な装置製造，処理・処分，設置場所の自然破壊による環境負荷を十分に対処しなければならない。

環境保全のための技術開発，新材料を利用した省エネルギー，耐久性，効率向上などプロジェクトファイナンスすべきプロジェクトは多数存在している。正確に審査し，適性な投融資が行われることが望まれる。このためには，「環境」の定義を明確にし，気候関連財務を積極的に開示することが重要となる。

Ⅲ.4　社会の変革

(1)　人為的活動の修正

①　環境意識とインセンティブ

1960年代に発生した人の健康を短期的に侵害する公害は，明確な被害が確認され，その損害賠償について争われている。熊本水俣病のように意図的な（被害が発生することがほぼ予見できたにもかかわらず）汚染水排水をすると，犯罪となり刑罰が科される場合もある。

日本では19世紀後半の明治維新の際に社会的変革が起き，封建制から資本制へ急激に移行した。この過程で自然システム保全は考慮に入れられず，地上の化学物質のバランスが変化しはじめ，自然浄化機能（元の環境を維持しようとする機能）の能力を超えた地点が各地に発生し，公害が発生している。西洋の脅威から富国強兵が優先され，自然環境保全より工業化が進められた結果である。

明治以降，西洋をお手本として技術，法律，政治システムが次々と導入され，化学工業，鉱山開発などが発展した。これまでなかった科学技術を利用し，効率的に価値が生み出されるようになった。対して，自然資本を利用した里山，里川，里海は地域住民にとって経済的価値が低くなり，コモンズを保護する考え方は失われていく。経済的利益を生み出さない土地（または，河川，海）は，何らかの開発で価値を生みだすために改変していくことが当然のこととなった。自然が持つ環境保全機能は次々と失われている。漁猟や狩猟など自然を利用した人為的活動も，効率的に価値を生み出す方法，すなわち高度な技術を利用し，発展した経済システムを追い風に捕獲量が急激に増加した。このように利益を無限に拡大しようとすることで，有限な自然は破壊され，元の状態には戻れなくなっている（不可逆的変化）。

図Ⅲ-6　里山里海の認定
「世界農業遺産」認定制度も国際機関によって作られている。世界農業遺産は，国連食糧農業機関（Food and Agriculture Organization of the United Nations：FAO）が2002年から世界重要農業遺産システム（Globally Important Agricultural Heritage Systems：GIAHS）に基づき認定している。伝統的な農法や生物多様性などが保護された土地利用のシステムを保全し次世代に継承することを目的としている。里山，里海および里川は，食物連鎖で繋がっており，生物多様性保全にとってコモンズのあり方は重要な意義を持つ。

自然を利用し人工的に開発した農業システムも科学技術をうまく操作しきれず，農薬，化学肥料，機械化が環境破壊を発生させている。1962年にレイチェル・カーソンが著書『沈黙の春』で科学技術の使い方を間違っていることを指摘しても，途上国の農業生産性を著しく高める「緑の革命」が実施され，欧米の企業に高収益をもたらすプランテーションが世界各地に作られた。莫大な経済的利益を得た関連工業界は農業の持続可能性よりも短期的な収益を優先し，『沈黙の春』の自然破壊に対する警鐘を否定し，生態系をはじめ自然保護への配慮をあまり行わなかった。その結果，工業・鉱業の発展で発生した公害と同様に，各地に環境破壊・汚染を発生させている。

自然または人の健康，財産への被害は短期間で発生する場合と長期間を要して発生する場合がある。短期的に発生するものは人々の問題意識を高めるが，長期的になると原因と結果の因果関係が意識しにくくなる。健康は直接生活に支障が出るものは回復への意識が高まるが，生活習慣病など健康診断の血液検査などで悪化が指摘されるものは症状が発生するまでなかなか対処をしない，または後回しにする人が多い。いわゆる予防は短期的に問題となるものに注目し，長期的なものにはすぐには目を向けない。これは，環境意識，環境活動においても同様である。地球温暖化による気候変動は，産業革命以降，大気の物質バランスの変化が観測され，自然科学的に解明が進んでいたにもかかわらず初期対応は行われず，異常気象が発生してから問題意識が高まっている。しかし，その対処は短期的には経済的な利益を損なうことから，政治家をはじめ現在の利益のみを保護することに執着するものも多い。しかし，中長期的な経済的損害が比較的高い蓋然性を持って証明されるようになった分野から，少しずつ対処への関心が高まっている。

地球環境問題でも，オゾン層破壊によって空から注がれる紫外線量の増加は数十年かかり顕在化し，身近にリスクが迫ってきたことから国際的な対処がとられた。しかし，米国は地球温暖化対策と同様に当初，国際的な規制（オゾン層を破壊する物質に関するモントリオール議定書）に反対した。オゾン層破壊物質であるフロン類（CFCs）の代替品を自国の企業が開発し，知的財産権（特許）を取得した時点で，すなわち経済的なメリットが確定した時点で規制に賛成（批准）した。米国政府は，環境破壊に問題意識を持つことはなく，その対策への経済的損失，または利益が環境条約参加の大きな評価項目となっている。政治家は，気候変動などで数十年後に起きる災害によって莫大な経済的損失が発生する時まで任期はない。事前対処には消極的になりがちである。一般公衆も，長期的影響で大きな被害が科学的に予測されても，経験したことがないことに対しては理解することは難しい。

②　環境被害の対策とリスク対処

環境汚染を防止できない要因には，科学技術レベルが低く環境への影響が予見できない場合と，予見できても対策コストを嫌い行わない場合がある。後者は悪質であるが，わが国でも1970年に公害対策基本法から「経済調和条項」が削除される前は，被害者が発生しても工場の操業が行われている。四日市公害や八幡製鉄所による大気汚染では，周辺住民に過大な受忍限度が強いられている。小学校では，公害に負けない体を作るといった教育が行われ，汚染者にとっては都合の良い状況となっていた。このような状態が現在も続いていたならば，被害者数は莫大になっており，数々の悲惨な健康障害が発生していたと考えられる。産業活動による経済発展で，利益を得るものと，不利益を被る者の格差が大きく開いたと予想される。

図Ⅲ-7 人為的活動による環境被害の対策とリスク対処の有無

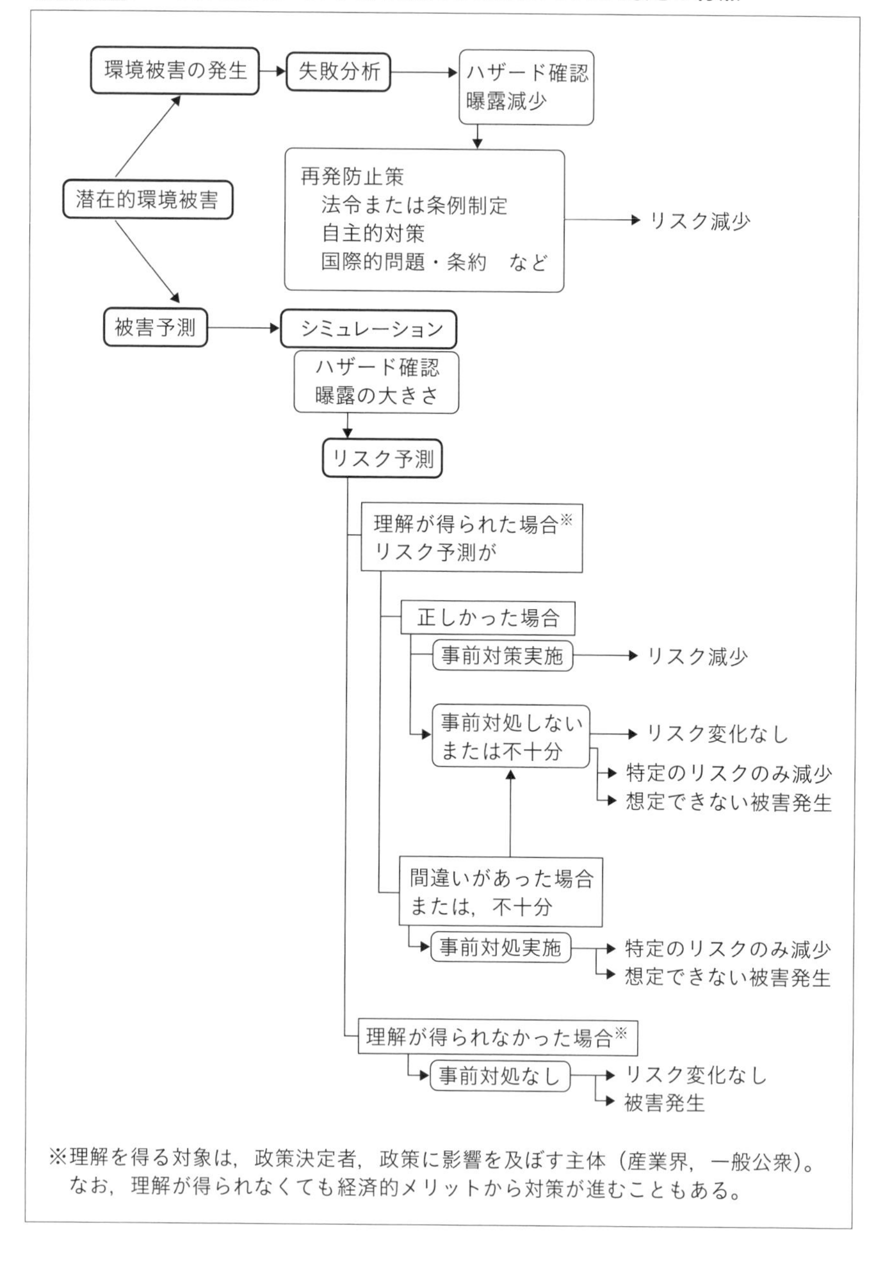

しかし，科学技術の発展で事業所から排出される化学物質が日々正確に検出できるようになり（曝露状況把握が拡大），生態系や健康への影響に関する知見も増えてきていること（ハザードの事前把握が拡大）から，社会的な状況が大きく変化してきている。このことから，企業における高度なデューディリジェンス（注9）が可能となっている。したがって，事業所からの排出物を原因とする環境汚染被害を結果回避するべき対象が広がり，一般公衆や労働者への安全配慮義務が意識され，信頼や期待を裏切らないように誠意をもって行動しなければならなくなっている。

結果回避するには，まず潜在的に存在する環境被害を検討し，被害予測を行い「物理的，生態的，社会的影響の挙動（ハザード，曝露確認）」を想定し，リスク分析（注10）が必要となる。この予測に理解が得られた場合，事前対処できた部分はリスクを急激に減少させることが可能となる。ただし，(自然および社会）科学は100％をカバーすることができないため，想定できなかったリスクには対処できない。社会科学における事前検討は特に不特定な障害が発生することが多く，着実に対処を実行するには事前に高いレベルの客観性を持たせることが重要である。また，リスク分析に間違いがあることも考えられるため，フェールセーフ，フールプルーフ，インターロックなどの安全対処概念が不可欠である。理解が得られなかったリスクに関しては，被害発生後の対処が不能になり莫大な事後対処が必要となる。有害物質を扱う事業所や原子力施設などで起きる事故ではあってはならないことである(図Ⅲ－７参照)。

一方，想定できず環境被害が発生したもの（または，リスク対処が不十分だったもの）に関しては，失敗分析が極めて重要となる。失敗の原因を詳細に解析することによって，個々の原因項目に対して１つひとつ対処することができる。それにより発生確率（または曝露の確率）が下がり，リスクを減少させることができる。さらに，これにより再発防止システムが作られることになる。環境法令，環境条例，あるいは自主的な対策による再発防止策は，有効に機能することになる。わが国で1970年のいわゆる公害国会で14の環境法が制定されて以降，環境汚染が急激に減少したのは，規制による再発防止が進められたことによる。地球温暖化による国際的な環境被害の対策（国連気候変動枠組み条約の具体的対処）が進まない理由は，現科学技術の失敗を明確に分析しない（またはしようとしない）ことに原因があると考えられる。「生物の多様性に関する条約」や「有害廃棄物の国境を越える移動及びその処分の規制に関するバーゼル条約」のように，具体的な被害が明確になれば，ゆっくりではあるが対策がとられる可能性がある。

③　自然科学的証明と社会的判断

高いリスクがある被害が顕在化し，自分にその影響が及ぶ可能性がある場合には急激に環境意識は高まる。そのリスク（ハザード×曝露量［頻度，確率，濃度など］）に関したハザード（有害性，爆発火災など）の性質について十分に理解ができない（または知識がない）場合，必要以上にリスクを意識することがある。風評被害はこのようなときにしばしば発生している。風評被害は，自然科学的な根拠がなくても拡散し，環境汚染・破壊とは全く異なった人為的な被害を発生させる。1960年代の公害発生時においても（健康障害で困っている）被害者に対して悪質な誹謗中傷が起こっている。例えば，裁判で被害者（原告）が勝訴し社会的に汚染者の加害行為が判明しても，賠償金を得たことに対しての嫉み，嫌がらせが起きている。このような行為はリスク対処を遅らせることにもなる。一般公衆も社会的責任を持たなければならない。

しかし，リスクの性質も曝露される確率も自覚できない汚染に関しては，不安が高まるのは当然のことである。核反応や遺伝子操作など高度な内容を扱う研究開発段階のものや，自然災害など低い確率で発生するハザードに関しては，リスク対策が遅れる（または，不十分な）場合がある。すなわち，リスクは低いが，いったん事故や想定外のことが発生すると，環境汚染など大きな災害が発生する可能性がある。福島第一原子力発電所の事故は，低確率で大きなハザードが発生した事例である。このようなことが起きると，一般公衆はハザードが大きい技術に関しては極めて慎重，あるいは否定的な対応となる。原子力発電所が，わが国政府のエネルギー政策上非常に重要な技術を利用した施設であっても，国民の理解は得られにくい。無理に推進しても，政策にムラが出て，莫大なモノ，サービスおよび資金に関する無駄が発生する可能性がある。また，日本の経済力，安全保障にも関わる問題で，他国との関係も極めて大きい事柄である。

米国ペンシルベニア州スリーマイル島の原子力発電所で1979年に発生した事故は国際的に衝撃を与え，スウェーデンでは原子力発電所稼働停止の是否を問う国民投票まで行われて廃止の決定となっている。その結果，バルセベック原子力発電所の原子炉が停止している。この発電所は，バルト海を挟んでデンマークの近くにあったため，デンマーク政府からもスウェーデン政府に廃止の要求があった。しかし，スウェーデンの主要な電力源である原子力発電所を廃止すると産業に経済的ダメージが発生するとして，労働組合から停止反対の要望もあった。結局，経済的ダメージが発生しない範囲で原子力発電所を停止することが，経済およびエネルギー政策に配慮して決定されている。

いったん社会的に容認され普及したサービス（この場合，電力供給）は，容易には社会的システムを変更できない。直接，産業や生活にダメージが生

表Ⅲ-2　環境破壊対処の自然科学的証明・社会的同意と政策的判断

自然科学的証明＼社会的同意		高い	低い
度合いが高い	短期的影響	早急な対応が可能	一般公衆への啓発
	長期間を要する影響	利害関係の調整が必要	経済的誘導政策を実施
度合いが低い	短期的影響	早急に自然科学的解析を実施 結果回避の直接規制実施	不公平の是正：初期の公害問題，地球環境問題の被害
	長期間を要する影響	利害関係者の調整，格差是正 風評被害に配慮	具体的政策実施困難 基礎的な科学的解明が必要

じる場合，短期的な一般公衆の利害関係が大きく関わるため，考え方も大きく異なる。国家間の利害が関わると，さらに複雑となり，大国のエゴが前面に出ることともなる。

したがって，環境汚染・破壊に関して，その原因について自然科学的に高い蓋然性を得られても，その対処について短期的に明白な利害が存在すると，政策決定者の理解を得られるとは限らない。また，一般公衆も，長期的に発生する可能性がある被害対処のために，現在得られているモノ，サービスを制限または失うことには抵抗がある。自然科学的な理解を得ることはさらに困難である。数十年から百年程度に一度発生する自然災害に事前対処することへの社会的コストに関しても賛否が分かれる。都市開発や地域開発は，人の生存，幸福に関わるため，長期的な視点を持った環境，災害アセスメントは極めて重要であるが，短期的な利便性が注目される傾向にある。

他方，大規模開発した後，一世代で衰退してしまった街，大規模小売店舗立地法（1998年制定，2000年施行）(注11) により郊外型ショッピングセンターが増え旧市街のドーナツ化現象が起きた街など，都市開発に関した政策は持続可能性を考慮した長期的視点が欠けている。その後，コンパクトシティなどエネルギーや利便性の高率化を図った持続可能な開発が検討されているが，既存のサービスを代替するには至っていない。急速に進む石油枯渇など，エネルギーコストが急激に拡大しなければ，多くの一般公衆は中期的に進む環境破壊に関心を持つことはない。

環境破壊に関して，自然科学的証明の度合いが高く，社会的同意が高ければ，長期的な環境破壊に対しては利害関係の調整が必要になるが，比較的容易に対処が可能である。しかし，社会的同意が低いと，一般公衆への啓発やさまざまな経済的な誘導を行い，対処を行うことになる。この場合，社会的に環境破壊対処に同意が得られていないため，経済的メリットを失えば対処は進まなくなる。対して，自然科学的証明の度合いが低く，社会的同意が高い場合，被害の結果回避のために早急に科学的知見を整備し，長期的な影響がある場合，利害関係を調整し，風評被害が発生することを防がなければならない。さらに，自然科学的証明の度合いが低く，社会的な同意が低いと，四大公害発生時のように少数の特定の被害者が極めて大きな損害を被ることとなるため，科学的な解明を進め，環境政策を実施しなければならない（表Ⅲ-2「環境破壊対処の自然科学的証明・社会的同意と政策的判断」参照）。

④　一般公衆の社会的責任

企業の社会的責任の遵守は，ESG経営における基本的な考え方となっており，その評価結果はSRIをはじめとするESG投資の重要な指標となっている。ただし，企業のネガティブ面での評価である環境汚染では，「廃掃法」における不法投棄規制で違法行為をした企業（法人）と行為者（従業員）の両方が罰則の対象となる（両罰規制）。個人の社会的責任も問われている。

たばこのポイ捨てやゴミのポイ捨てなど個人のマナーに関わる身近な環境汚染は，至るところで目視によって確認できる。これらは，割り込みやスマホのながら歩きなど自己中心的な行為と同様でなくなることはないが，存在率を減少させることは可能である。国内では，地域の問題として条例による規制で対処している自治体が多い。また，莫大なフードロス，フードマイレージによるエネルギー消費など，知らぬ間に無駄を発生させている。中には，過剰なサービスと思われるものもたくさんあるが，人（または地域，時代）の価値観の違いでこの行為の評価は大きく異なる。

図Ⅲ-8　たばこのポイ捨て

喫煙者は非常に減少したにもかかわらず，たばこのポイ捨ては全国至るところで起きている。捨てられたゴミは環境汚染物であるため環境コストを生じ，この不法投棄者はいわゆるフリーライダーである。一般公衆によるゴミのポイ捨てや携帯電話による騒音・ながら歩き，さまざまな割り込みなどの迷惑行為は全国的に行われていることであり，刑事罰となったトラブルもすでに多く発生している。不公平を放置すると悪質なあおり運転のように大きな社会的問題となる。特別法を制定する必要があると考えられる。

しかし，地球という限られた空間で生産できる資源は限られており，加工された鉱物，酸化した化石燃料のように，自然環境中でリサイクルされないものは大気，海洋および土壌の物質バランスを不可逆的に変化させている。漁業や狩猟でも再生能力を超えて採取されている。農業や各種養殖も，農薬，肥料および自然の病原体に対抗するための薬剤投与など，自然界には存在しない莫大な種類の人工的化学物質によって維持されており，自然の物質バランスを変化させている。生産量（または，利益）を高めるために生産性を向上させ，効率的利益を高めるために季節，地理的特性などを無視した生産物を供給し，付加価値を向上させ，無駄も増加させている。ただし，無駄と捉えるか，経済的利益による幸福と考えるかは人の価値観によって異なる。

エコロジカルフットプリントで示されるように，国または人によって資源消費量は大きく異なる。国または地域によって生活様式は異なっており，技術開発・経済成長によって作られたモノやサービスの大量消費は，価値観そのものも変えている。同じサービス，モノを使う，または得るにしても，LCAを考慮した環境負荷が異なることが多い。移動手段の１つである自動車を所有する場合，選択には個人の趣味・趣向が大きく影響しており，形，加速性能などで選択される。燃費を考慮する際も燃料コストが注目され，燃料が安価となれば選択の評価項目としてあまり目が向けられなくなる。また，高級品が注目されることは一般的価値観となっており，その製品が供給されるまでのエコリュックサックが考えられることはあまりない。リユース品，リサイクル品が高級品とみられることは現状ではほとんどない。

個人の大量消費（例：短寿命製品），高級品（例：エコリュックサックが大きい商品や動物虐待で作られるフォアグラやフカヒレなどの食材）を優先する価値観を変えていく必要があり，自然の物質バランスを変えていることを理解する必要がある。１人ひとりに環境保全に対する社会的責任を持つことが望まれる。個人の社会的責任は，PSR（Personal Social Responsibility）ともいわれ，環境問題は，政府，企業，個人および世界が同じ問題意識を共有しなければならないものである。したがって，環境保全の取り組みは，行政，企業の対処に期待するだけではなく，個人も行うべきものである。各主体ごとの社会的責任を再認識していくべきである。

しかし，膨大で複雑になった社会システムは，生活を維持するにも有機的な関係が多く，個人が理解できる範囲は限られている。例えば，原子力発電から送電される電気のサービスだけ受ける者にとっては，原子力発電所が停止して十分な電気による快適な生活（サービス）を失うほうに懸念を抱くことが多い。1960年代に発生した公害も，汚染者である企業は生活やさまざまな産業に必要な製造物の提供を目的に生産を行っており，多くの人々は「モノ，サービス」を得ていた。社会全般からみると被害者は少数派である。しばしば，被害者への卑劣ないじめなども発生しており，間違った知識または意図的に誤った情報が急激に拡散することもある。安易にあいまいな情報を発信することは社会秩序を乱すこととなる。社会的責任の欠如である。

他方，エシカル（ethical：倫理的な）商品がさまざまに開発されている。ロハス（Lifestyles Of Health And Sustainability：LOHAS／健康で持続可能なライフスタイル）商品も以前より世界的に注目されている。しかし，定義（または概念）が不明確で，対象商品は極めて広くなっている。消費者は「環境に良い」または「環境に優しい」といったあいまいな表現を信用し，社会に良いことをしていると思い（抽象的に捉え）購入している。商品の環境負荷はLCAによって判断されるもので，容易にはわからない。すべての商品は，他の商品との比較において環境負荷が多いか少ないかで判断されるもので，長期的な影響まで総合的に考えなければならない。

自然科学（理系）の学者といっても，自然の事象をすべて把握しているわけではない。肩書きがあっても，専門が異なったことについて安易なことを言っている者の発言内容をそのまま信じることは避けなければならない。

また，環境破壊・汚染が自然（または地球）を傷つけると考え，一種の「たたり」のように捉えてしまうと，真実の科学的現象が把握しづらくなる。工場排水による公害のように，被害には明確に人為的な原因が存在している。室町時代には，「煤払い」と称して古道具を捨てる習慣によって「付喪神（つくもがみ）」

という妖怪が生まれ，災い（一種のたたり）が生じるといった伝説がある。この妖怪を恐れ，道具を修理しながら長寿命性を持たせることも行われたが，原因を理解しないまま環境破壊を恐れて環境保全を行っても持続可能な開発は実現しない。実際，妖怪も室町時代以降，その背後にあった信仰等は薄れ，娯楽に利用されるようになっている。昔，妖怪が出るといって人を近づけないようにしていた危険な地域（有害物質が噴出するところや，雪のくぼみにたまっている有毒ガス，水害があった沼，地滑りや洪水が発生するような場所）は，現在は恐れられることがなくなり，かえって事故，災害が発生している。環境破壊・環境汚染は，自然科学，社会科学面から原因を精査して解析していくべきで，真実のみを公開していくことが望まれる。

また，化石燃料や原子力エネルギーに比べ再生可能エネルギーを利用するほうがエネルギー生産に関しては環境負荷が小さいが，エネルギー生産量が非常に少ない短命な発電施設が莫大に必要なため，鉱物資源の大量消費，森林伐採（土地利用変化によるリスク）など別の環境負荷が大きくなる。再生可能エネルギーは持続可能であるが，再生可能エネルギーで発電をしている設備は持続可能ではない。モノに関しても，マテリアルリサイクル，廃棄物処理を向上させても，その操作に要するエネルギー消費がかえって増加することもある。さらに，健康に配慮して「体に良い」といった商品を摂取しても，遠隔地から運ばれてくるとエネルギー消費が増加し，環境負荷は大きくなる（フードマイレージが増加する）。このように，正確な情報がないかぎり，環境負荷を減少する商品かどうか確認することはできない。メーカーや販売者が比較可能なLCA結果または環境負荷指標を表示しなければ，消費者は環境責任を正確に履行することはできない。商品を選択する権利は消費者にある。そもそも一般公衆に環境保護に関する意識がなければ，このような表示も意味をなさない。一般公衆の「知る権利」は確保しなければならないが，「知る義務」(注12) も必要である。

⑤　企業評価

企業が操業することによる環境負荷への対応は，数十年で大きく変わっている。1970年の公害国会以前は，改正前の「公害対策基本法」で「生活環境の保全については，経済の健全な発展との調和が図られるようにする」ことが定められ，環境汚染が発生しても経済成長の発展を考慮したうえでの対処が図られていた。その後，公害による一般公衆の被害が深刻となり，憲法で定められている生存権（第25条）および幸福追求権（13条）が侵害される事態となり，公害防止の抜本的な改革が必要となった。環境法の規制によって，科学的な測定による環境モニタリングが実施され，企業に汚染防止が厳しく義務づけられるようになった。

そして，規制の対象となる環境汚染の種類が拡大し，規制される化学物質も増加していく。1980年代に入ると地球環境破壊が注目されだし，まずオゾン層破壊防止に関して国際的な環境規制が初めて定められることとなり，産業界では国際的な混乱が発生している。オゾン層破壊は急激なスピードで進み，人類の地上における生存が脅かされるレベルにまで達していたため，国際的なコンセンサスが比較的早く得られている。環境規制情報を把握していなかった中小企業を中心に，多くの企業が生産使用が全廃となったフロン類（CFCs）やハロン類（CFCで臭素を含むもの）の供給が受けられなくなって倒産している。

その後，1990年代から地球温暖化による気候変動や海面上昇，伝染病拡大，油濁汚染や海洋プラスチック投棄による海洋汚染問題など，さらに複雑な地球環境問題が発生している。オゾン層破壊問題と異なる点として，これら変化は比較的長期間を経て被害を発生させるため，国際的なコンセンサスが得られにくいことがある。

一方，化学物質による環境汚染も，産業で利用される化学物質の種類が莫大に増加したため，リスク管理が極めて重要となっている。米国スーパーファンド法（CERCLA：Comprehensive Environment Response, Compensation and Liability Act of 1980，SARA：Superfund Amendments and

Reauthorization Act of 1986）をはじめとして，化学物質のハザードと曝露量に関する国際的にリスクコミュニケーションが進められている。OECDが1996年に参加国に導入を勧告したPRTR（Pollutant Release and Transfer Register）制度をはじめ，EU，国連で多くの規制，ガイドラインが作成されている。企業の化学物質管理は，経営戦略の重要な項目となっている。特に，慢性的毒性を持つものの解明も漸次進んでおり，対処が必要な対象も拡大している。アスベスト，放射性物質など，一般公衆が知らぬ間に汚染されているケースも多く，現在もさまざまな対策が検討されている。

20世紀後半から企業における環境保全の重要性が高まった。社会貢献の１つの方法として取り組まれているボランティアをはじめとする慈善事業（フィランソロピー：philanthropy）活動，エコミュージアム環境教育など文化的事業を支援するメセナ（mécénat）活動，自社の事業活動で行う公害防止対策・環境保全活動や地球温暖化物質排出抑制・生物多様性・海洋汚染防止など地球環境保全対策，環境商品やサービスを提供する環境ビジネス，省エネルギーや長寿命性・リユース・リサイクルなど，自社の商品やサービスすべてに環境保全の考え方を取り入れる環境経営が展開されるようになった。当初は個別に取り組まれていたが，総合的に取り組まれるようになり，

図 Ⅲ-9　公害発生時（1960年代）に死の海とされた洞海湾（北九州市）

洞海湾は，当時の主要産業だった製鉄に関わる工場から排出された廃液（有害物質）によって急激に汚染され，海生生物が生息できない海となったが，製鉄会社およびそのサプライチェーン企業が協力して新たな技術開発など行い環境改善が行われている（勝田悟『環境の変遷』Ⅲ-１（２）⑤（中央経済社，2019年）106頁参照）。

さらに時間的変化も含めたLCA情報整備も必要となってきている。21世紀になり持続可能な開発という概念が浸透したことでESG経営が国際的に普及し始め，LCM（Life Cycle Management）を行うためのサプライチェーンも含めた管理へと進展している。

企業経営に環境保全が直接大きく関与するようになってきたことから，金融面からの評価も避けては通れなくなっている。投資の基準としてESG経営を行い持続可能な開発が望める企業が差別化されるようになってきている。財務報告と非財務報告を記載した統合報告書の内容は，重要な評価対象となっていくと考えられる。

企業とステークホルダーとのリスクコミュニケーション実施はさらに拡大し，「説明責任」の範囲は広がっていくと予想され，ガバナンスの体制，あり方をはじめ，環境保全，社会的責任が経営上の重要な評価項目となる。個別に取り組まれてきた企業活動であるが，それぞれが有機的に関連し合っており，統合的に検討しなければならない。また，短期的に対応しなければならないこと，中長期的にロードマップを作成し計画的に取り組むことなど，時間的変化も考慮する必要がある。

経営と企業の社会貢献を直接関連させた活動として，米国では利益を上げた企業（または個人）が可処分所得や経常利益などから一定の割合を社会貢献活動に寄付するなどの支出が行われており，1990年以前から１％クラブ，３％クラブなどがある。わが国においてもこれにならって経済団体連合会が１％クラブを1990年より設立し（個人の１％クラブは1989年に始まっている），企業の社会貢献活動を推進するために活動している。植林など環境保全をはじめ災害対策など，社会貢献活動を行っている多くのNGO（または，NPO）と連携し活動の範囲を広げている。これにより，CSR活動が活性化し，高率化されたと考えられる。その後，2019年に「経団連１％クラブ」として，経団連企業行動・SDGs委員会の下部組織となり，環境，ガバナンスと連携した検討へと移行している[(注13)]。

企業が社会貢献に費やす金額を社会還元額として企業の利益に占める割合

を示すと，「社会還元率＝社会還元額／利益（経常利益，または純利益）」となり，貢献度合いの評価が可能となる。しかし，環境保全に関しては，その概念が工場等の汚染排出物抑制の対策から，企業の営業利益に関わる商品（販売しているモノ，サービス）にまで広がっており，サプライチェーンの管理にまで及ぶため，前述の式の分母に当たる額を算出するのは極めて困難である。以前（1990年後半から2000年頃）に，環境会計が注目されたことがあるが，環境保全の取り組み内容が急激に変化しており，貢献の定義さえ容易には表すことはできない。

企業活動が人の生活の変化に最も影響しており，人為的活動を変化させる主要な要因となる。しかし，その動向の評価指標を表すことができないため，強制力をもって法政策面から環境保全活動の道筋をつける必要がある。環境保全に関わる科学技術は，理解が難しいものやいまだ十分に知見が得られていないものが多く，環境保全効果がないにもかかわらず意図的に虚偽が行われることが懸念される。ホワイトウォッシュ（偽善）のように，グリーンウォッシュ（偽りの環境保全）が示され，間違った良い評価が発生するとかえって環境汚染・破壊が悪化する。企業間で不正競争が行われるおそれもある。

わが国では原子力発電推進を目的として，政府が「安全である」と間違った広告を行い，多くの立地を成功させたが，福島第一原子力発電所事故で十分な知見に基づいていなかったことが判明した。無理なエネルギーおよび科学技術政策であったといえる。1960年代に公害に関して多くの裁判が行われたが，政府や有名大学などは加害者を支援している（現在でも謝罪さえしていない場合が多い。責任もあいまいになっている）。このように予想可能な自然災害（津波）が原因であっても，一般公衆は理解困難なものに対しては行政（または政府）やマスメディア（テレビやインターネット情報など）を信じる傾向が高いため，環境汚染・破壊に関する錯誤を起こさせる広告・発表および虚偽内容は，法令で明確に取り締まる必要がある。福島第一原子力発電所事故のように責任の所在が不明確とならないようにし，高度な技術が関与している場合もあるため損害賠償に対する無過失責任を認める必要もある。

環境問題は，自然システムと科学技術の両面から自然科学的理解が必要であり，経済政策，資源政策，食料・農業政策など社会科学的な影響を強く受けるため，間違った理解，または臆見（臆測に基づく意見）が発生する可能性がある。公害裁判の際には，経済調和条項に基づいて経済成長を優先した公害対策が行われたため，一般公衆への不信感がいまだ存在している。企業と一般公衆の齟齬も懸念される。この解消には，企業と一般公衆とのリスクコミュニケーションが極めて重要であり，相互理解が重要となる。

⑵　労働環境

①　有害物質の取り扱い

科学技術の進展が急激に進んでおり，工場等での労働者に対する教育訓練は極めて重要となってきている。市場で取り扱われる化学物質は飛躍的に増加しており，そのほとんどが人工的に作られた自然界には存在しなかったものである。製造工程内で使われていれば環境リスクの恐れがほとんどないものであっても，事故で漏洩が発生すると環境汚染を発生させる。自然浄化によって原状回復できる場合もあるが，ハザードが大きいと少量でも生態系および人の健康への被害が発生する。漏洩量（曝露量）が大きいと被害は次々と広がっていく。化学反応は，知見がない者にとっては全く予想もしなかった事態を招くことになる。

1984年にインド，マディヤ・プラデーシュ州の州都ボパール市で発生した化学工場の甚大な事故は，作業員が農薬（商品名：セヴィン）の製造工程に存在した化学物質の性質について知らされていなかったために発生している。事故で大きな被害が出た原因は，化学プラント内のタンクに水と反応すると急激に発熱するメチルイソシアネート（CH_3NCO：Methyl-Iso-Cyanate，以下，MICとする）が大量に存在していたが，作業員が通常の洗浄と同じように水を使ったことで爆発し，環境中に大量のMICが散乱したことによる。MICは極めて有害な化学物質（注14）で，ボパール市内に飛散したため一般公衆に多くの死亡者（注15）を出す大惨事となった。周辺の動植物も多数死滅している。工場の作業員が取り扱っている化学物質の性質を理解していなかったことが最も大きな事故の要因である。経営者は，労働者の安全衛生と事業所周辺の環境安全に関して注意する義務（安全配慮義務）があり，この事件ではその責任を果たしていなかったことは明白である。

この事故を起こしたユニオンカーバイド・インディア社は，インドでの農薬製造販売事業が経営不振の状態に陥っており，事故を起こした工場も売却が決まっていた。作業員の教育訓練費用を節減したため，さらに莫大な損失を生み出してしまったと言える。特に，多くの労働者および周辺住民の生命，健康を失わせたことは，経営の失敗と言うだけではすまされない。この事故がきっかけとなり，当時世界第3位の売上を誇っていた米国のユニオンカーバイド社も倒産している。

米国では，すでに1985年にOSHA（Occupational Safety and Health Administration：労働安全衛生局）により，労働安全衛生法（Occupational Safety and Health Act of 1970）に基づきHCS（Hazard Communication Standard：危険有害性周知基準）が定められ，事業者に対し，作業者がMSDS（Material Safety Data Sheet：化学物質安全データシート／近年はSDSと称される）を利用できるようにすることが義務づけられている。法令により労働者に対する安全配慮義務が定められており，したがって，本社がある米国ではボパールで起きたような事故は発生する可能性は低かった。ユニオンカーバイド社の国際的な安全衛生管理に関するガバナンスは欠如していたと考えられる。

その後，米国および欧州では事故時に発生する有害物質汚染が社会的に問題となり，法政策面から対処が進められている。1986年にスーパーファンド改正再授権法（Superfund Amendments and Reauthorization Act of 1986：SARA）のTITLE Ⅲで，地域の知る権利として事故時対策委員会および消防署へもデータシートの提出が義務づけられた（注16）。この法に基づく基金も85億ドルと大きく増額されている。また，有害物質規制法（Toxic Substances Control Act：TSCA）でも新規化学物質の製造前における届出の際，Hazard InformationにMSDSが含められた。ECでは，1993年に危険な（Dangerous）物質と調剤に関するMSDSの内容について指令が公布されている。ILO（International Labour Organization）では，1990年に「職場における化学物質の使用の安全に関する条約」が採択され，この条約に基づくILO勧告で，MSDSの記載項目が定められている。MSDSの性質を化学的測定や動物実験などによってデータを整備するには莫大な費用と時間が必要となるが，近年では，化学物質の原子単位での構造および性質が解明されつつあり，分子の構造から有害性を推定する研究も進んでいる。

2002年に南アフリカ・ヨハネスブルグで開催された「持続可能な開発に関する世界サミット」（World Summit on Sustainable Development：WSSD［リオ＋10］）では，「化学品の分類および表示に関する世界調和システム」（The Globally Harmonized System of Classification and Labelling of Chemicals：以下，GHSとする）の検討が行われ，国際的な化学物質のハザード情報普及が図られている。GHSの目的は，化学物質の有害性等について国際的に統一した情報伝達方法として，SDS（Safety Data Sheet）を促すことにある。この会議の後，前期MSDSは，SDSと名称を変えている（注17）。

わが国では，環境保全面について「特定化学物質の環境への排出量の把握等及び管理の改善の促進に関する法律」で企業にMSDS情報の整備が規制されており，労働者への提供に関しては，「労働安全衛生法」（以下，安衛法とする）の「第２節　危険物及び有害物に関する規制」第57条（表示等）（注18）から第57条の３（事業者の行うべき調査等）（注19）で，労働者が扱う有害物質に関する「知る権利」および事業者の安全配慮義務が定められている。また，「毒物及び劇物取締法」第12条では「毒物又は劇物の表示」の規定が定められている。まず，管理者によるリスク管理を整備し，労働者の身の安全を保つために，使用している化学物質の有害性，化学的性質を周知し，正確な理解を徹底することが重要である。労働現場でリスク管理を行うことで環境汚染，事故の予防となる。新潟水俣病裁判では，被告企業の作業者への水銀汚染（水俣病の発症）を確認するために，工場内にある健康管理センターの情報提供が求められたが，証拠提出前日に火事で焼失したため現状はわからない。しかし，四日市公害事件では，裁判の判決が下される以前に被告企業内で労働者への作業環境改善を目的とした対処が行われている。また，アスベストや有機溶剤を取り扱う工場（機械，建築材料，化学品，半導体製造工場など）では世界各地で労働災害が発生しており，製造された製品から漏洩した化学物質による製造物責任（Product Liability：PL）が問われ，被害者への損害賠償が行われている。これら裁判で企業の作業環境責任を含む環境責任が国際的に重要視されるようになってきている。

日本の作業環境保全に関しては，安衛法の特別法となる「作業環境測定法」でモニタリング管理されているが，汚染によって作業者に被害が生じた場合は，労働基準法第75条（療養補償）[注20]によって，使用者が補償することが定められている。同条２項で規定する業務上の疾病は，労働基準法施行規則第35条で放射線等物理的要因，有害な化学物質曝露，病原体への感染など分類され示されている。

労働現場で取り扱っている化学物質についてはSDSを整備し，作業者へ化学物質の有害性，物理化学的性質を教育訓練することは非常に重要である。膨大な化学物質が市場で使用されているため，安衛法規制に基づく内容に加え，企業独自のリスク分析に基づく教育訓練が必要である。一般公衆が「特定化学物質の環境への排出量の把握等及び管理の改善の促進に関する法律」に基づいて存在やSDSを知ることができる化学物質，「大気汚染防止法」および「水質汚濁防止法」等環境法令や関連の告示，ガイドラインで取り上げている規制物質については，取り扱い，事故時の対処など十分に理解しておく必要がある。地球温暖化によってこれまでに比べ台風の増加など自然現象が変化し，被害規模も大きくなっていることから，自然災害時の事業所内およびサプライチェーン関連企業における事前対処（マニュアルの作成，実施訓練など），消防，警察，地方自治体その他関係機関との連携などの整備が不可欠である。環境汚染防止も含めた放射性物質汚染防止に関する個別法令が制定・施行すれば，各行政機関の連携もスムーズに行われると考えられる。

②　放射性物質による汚染

わが国では放射能および放射線のリスクに関しては，義務教育で十分に教えられることはなく，事故が起こると報道等で突然多くのリスク情報が発信され，混乱する傾向が強い。電離放射線を使用する労働現場では，「安衛法」および「労働安全衛生法施行令」に基づく「電離放射線障害防止規則」が定められている。規制の対象となる電離放射線は，粒子線または電磁波である，アルファ線，重陽子線，陽子線，ベータ線，電子線，中性子線，ガンマ線，エックス線である。当該電子放射線を利用した作業にあたっては，国家資格を持ち専門知識を備えたエックス線作業主任者またはガンマ線透過写真撮影作業主任者が必要となる。作業者は健康診断，教育訓練が義務づけられ，労働現場では作業環境測定が定期的に実施されている。ただし，原子力発電所など強い放射能を持つ放射性同位体または発生装置を取り扱う場合は「放射性同位元素等による放射線障害の防止に関する法律」でリスク管理が行われ，放射線の強さなどにより第１種から第３種の放射線取扱主任者が事業所に１人以上専任しなければならない。

原子力施設（核兵器用原料の生産）における世界で最初の事故は，1957年に発生した英国のウィンズケール原子炉火災事故で，周辺住民（シースケール村）も放射線に汚染され，白血病やがんが多発していると言われている（科学的調査の結果がさまざまにあり正確な状況は不明である）。1973年には天然ウラン燃料の漏洩事故が発生し，31名の労働者が被曝したことで閉鎖となっている（1981年にセラフィールドと改名）。

1979年には米国ペンシルバニア州スリーマイル島（Three Mile Island：TMI）にあった原子力発電所で事故が起きている。事故原因は，機器の故障や誤操作で異常な核反応が発生したためである。この事故発生の具体的原因は，安全装置が働き自動的に作動していたが作業員のミスでそれが停止されたことであると考えられている（注21）。これを受けてその後，作業員の１つのミスのみで異常反応が起きないような装置の改善，安全システムが検討されていくこととなった。

さまざまにリスク対策が進められた原子力発電所であったが，1986年に旧ソビエトウクライナのチェルノブイリ原子力発電所で事故が発生し，人への健康被害（注22）や農産物などへの甚大な被害が発生している。作業員の訓練不足から，実験運転中の原子炉を異常に発熱させ爆発事故を発生させている。この爆発で原子炉内にあった大量の放射性物質が環境中に放出され，欧州をはじめ地球規模での環境汚染となっている。2011年に日本で起きた福島第一原子力発電所事故でも，チェルノブイリと同様に核反応の暴走で制御不能になった原子炉で放射性物質の崩壊熱によって水素が発生したことで爆発が起きている。TMI原子力発電所と同様に原子炉の異常反応を停止するための装置（冷却装置）が停止したことで放射性物質が大量に原子炉外に漏出し，広域にわたる汚染が発生している。

日本では，福島第一原子力発電所事故以前に1999年に茨城県那珂郡東海村にあった株式会社JCOの東海事業所の燃料加工施設で異常核反応による事故が発生し，作業員の被爆による被災（死者２名，負傷者１名，被曝者667名），および大量の放射性物質の環境漏洩が発生している（注23）。わが国の原子力政策では，国内外で発生した事故を参考にして多くの対策を施しているが，行政間における情報の共有，一般公衆とのリスクコミュニケーション，教育訓練が不足している。リスク対策に100％はあり得ない。安全対策が十分と一方的に決めつけて経済政策を推し進めると，1970年に廃除されたはずの「経済調和条項」がいまだに続けられていることとなり，人類の持続可能性は失われる。

化学反応，核反応は，専門的な知識が必要であり，関連業務を行う者には特別な技能教育が必要である。さらに，装置のリスク回避機能について専門家の育成も不可欠である。経済政策，エネルギー政策だけでなく，労働安全政策，環境政策上の対処を優先しなければ，中長期的に持続可能な開発，存続は実現しない。

③　生物工学

30数億年前に地球上で初めて現れた（発生した）生物はバクテリアである。その頃は嫌気性で光合成を行わず，酸素も有機物も生産していない。しかし，地球環境の変化に対応し，好気性となり光合成を行い，数億年前にオゾン層が形成され有害な紫外線のほとんどが遮断されてからは，地上に繁殖してしている。人をはじめ他の生物の体内にも多数存在しており，共生しているものも多い。環境中には，バクテリア以外にも細胞を持たないウィルス，リケッチア，プリオンなどの生物（機能は持っている）も存在する。これらの中には，人へ感染する病原体も存在しており，医学的な対処が困難なものも多い。

人類はこれら生物の機能を利用し，食料，医薬品，エネルギー生産などにすでに利用している。特に感染性が強い生物が持つ機能は，生物に組み込むことで大量生産が可能になる。いわゆる遺伝子操作（遺伝子組換え，遺伝子融合）による新機能生物製造である。1986年には，わが国で初めて組換えDNA技術を利用したヒト・インシュリン等の医薬品が発売され，高価だった糖尿病の治療薬や血栓溶解剤などの価格低下に貢献した。しかし，労働現場においては，これまで存在しなかった新たな生物の登場で作業員への新たな感染などのリスクが高まっている。医薬品，食品工場だけではなく，農業生産においても同様に環境の変化が起きている。感染は免疫が低下した者に起きやすく，妊娠した人，糖尿病など持病を持つ人に病原体が侵入（発病）しやすい。場合によっては日和見感染のリスクも高まる。IPS細胞（Induced Pluripotent Stem cell：人工多能性幹細胞）の応用や発生工学の進展は，医学，生物工学の可能性を飛躍的に高めたが，生物工学におけるリスクに関しても今後さらに慎重な対処が必要である。科学技術の発展により過去にさまざまな汚染が発生し，労働現場，一般環境に汚染被害が発生したことは事実であり，これまで問題がなかったからこれからも安心といった抽象的なリスク管理は，かえってリスクを拡大させる。気候変動による災害，原子力発電所事故がそれを証明している。

1990年代に問題となった，一般公衆には理解困難なバイオテクノロジーへの不安は，「P4施設利用差止め等請求事件」（水戸地土浦支判平成５年６月15日，訟務月報40・５・1002（118））で確認することができる。原告は，「その生命，身体に回復しがたい重大な損害を受けるおそれがあり，平穏で安全な生活を営む権利や生命，身体に対する安全性の意識が現に侵害されている」と技術的な背景を持たず主張しており，新しい技術がもたらすおそれがあるリスクへの不安を顕わにしている。本裁判は，原告側の敗訴となったが，経済成長や医療の発展など社会貢献，生活の利便性を高める科学技術であっても，ポジティブな部分と同時にネガティブな部分も必ず存在している。研究者，政策検討・決定者と不安を抱いている一般公衆などが，固定観念は持たず，インタラクティブに疑問点等について会話を行い，真摯に相手の意見を受け入れ検討する必要がある。リスクコミュニケーションの促進が望まれる。一方的に安全であると抽象的に説明しても，一般公衆には，平穏で安全な生活が侵害されるのではないかといった懸念が残る。

日本における感染性病原体は，法令による対処整備が遅れている。専門的な知識を持たない作業者や一般公衆には不明（または，理解困難）な部分も多く，感染性病原体の汚染を防止する法律を制定し，明確に規制する必要がある。大阪府吹田市では，「吹田市遺伝子組換え施設に係る環境安全の確保に関する条例」を1995年４月より施行し，国の指針に加えて，市による立ち入り検査の権利および上乗せ規制の規定も含まれている。また，遺伝子組換え実験を実施する企業と市との安全協定の義務づけも定めている。

④　国際規格

化学業界における作業環境管理は，カナダ化学品協会（Canadian Chemical Producers' Association：CCPA）がレスポンシブル活動を1985年に提唱して以来，労働安全衛生が積極的に進められ，1990年に米国化学品製造者協会（Chemical Manufactures Association：CMA）をはじめ米国や欧州，豪州，日本の化学工業協会によって，国際的なレスポンシブルケアの推進機関である国際化学工業協会協議会（International Council of Chemical Associations：ICCA）が設立されている。その後，1992年に開催された「国連環境と開発に関する会議」で採択された「アジェンダ21」の19章および30章に基づいて，有害物質に関した企業内環境保全体制の強化も含んだ活動に広げられた。例えば，作業環境保全を維持するためにドラフターなどで環境中に有害物質を放出すると，一般環境を汚染していることとなるため，労働安全衛生と環境保全の双方を考えエンドオブパイプの部分はすべて汚染物質除去を同時に考えなければならない。その後，1996年にOECDの勧告で国際的にPRTR制度が導入されたことで，化学物質の放出，移動をインベントリーで管理するようになり，作業現場，一般環境も総合的に管理されるようになってきている。

わが国では，1994年12月社団法人日本化学工業協会（Japan Chemical Industry Association：JCIA）から「レスポンシブルケアの実施に関する基準：環境基本計画」が発表されている。大気汚染防止法では，第18条の37で，事業者の責務として，事業活動に伴う有害大気汚染物質の大気中への排出又は飛散の状況を把握するとともに，当該排出又は飛散を抑制するために必要な措置を講ずるべきことが定められている。中央環境審議会の第二次答申では，本規定対象の有害大気汚染物質に該当する可能性がある物質として234物質が示され，この中から優先取組物質として22物質が選定された（注24）。

他方，事故管理においては，国内外の農薬工場等多くの化学品メーカーで防災対策のための管理・監査が1970年代より行われ，わが国では「化学プラントのセーフティアセスメント；新設時（労働省ガイドライン昭和51年）」や「石油コンビナート防災診断項目；安全評価（消防庁昭和55年）」等公的ガイドラインが発表されている（注25）。欧米では，化学業界や企業が自主的にガイドラインを発表しており，わが国の行政も参考にしているところが多い。従来より一部の業界では，業界ガイドラインとして爆発火災および流出物の危険性の観点からすでに安全対策をマニュアル化しており，コンピュータシミュレーションによって具体的に解析している。フォルトツリー分析（Fault Tree Analysis：FTA），イベントツリー分析（Event Tree Analysis：ETA）など失敗分析を行い，サクセスツリーを作成しチェックリストを作ることも行われており，環境管理に当てはめることもできる。

また，ISOでは，労働安全衛生マネジメントシステムの国際規格として2013年からISO45001の検討（ISO/PC283）（注26）が始められ，法令等の整合性を図り，2018年に発行されている。ISO14000シリーズ（環境規格），ISO9000シリーズ（品質規格），ISO26000シリーズ（Social Responsibility：SR規格［社会的責任規格］）などと定義や用語の統一等の共通化が図られ，作業環境，職場環境，企業の社会的責任（CSR）と一般環境を統一的に捉えた検討が進められている。このISO45001を翻訳した日本産業規格（JIS Q 45001）が平成30年９月に制定されたことにより，労働安全衛生規則（昭和47年労働省令第32号）第24条の２の規定に基づき厚生労働省より公表されている「労働安全衛生マネジメントシステムに関する指針」が改正されている。

しかし，近年では国際的に貧富の格差が広がっており，欧州，東南アジアをはじめとした国々で奴隷労働も問題になっている。日本では憲法第18条，労働基準法第５条で強制労働が禁止されているが，極めて悪い労働条件による過労死，健康障害の事件も発生している。2019年に「労働施策の総合的な推進並びに労働者の雇用の安定及び職業生活の充実等に関する法律（労働施策総合推進法）」が改正され，パワーハラスメント対策などが新たに規定され，基本的な労働環境の維持を法令で規制しなければならなくなっている。企業活動は「モノ」，「サービス」のほとんどを作り出しており，人の生活を支えていることから，労働安全衛生には最も配慮しなければならない。

【注】

（注１）　Weee指令では，すべての電気・電子機器（大型家電，小型家電，IT機器など，ガス放電ランプ）を対象（年間４kg/人以上回収されるもの）に，2006年12月31日までにEU各国に再生，再使用・リサイクルの目標達成を義務づけた（国内法制定の期限は，当初は2004年８月とされたが，複数の国で遅延した）。生産者は，自社製品廃棄物処理費用を負担する責任がある（家庭からの回収は無料）。回収費用・実施主体は，明確化されていないため，各国の国内法によるところが大きい。規制対象商品は拡大する予定である。

（注２）　ELV指令は2005年５月に発効し，使用済み自動車に対するリサイクル率の目標を2006年から85％，2015年から95％以上とした。また，2003年７月以降EU域内で販売される自動車に対し４物質（鉛，水銀，カドミウム，六価クロム）が使用禁止（防錆材用六価クロムコーティングなど代替技術がないものに関しては除外規定がある）と定められた。

（注３）　公正取引委員会は，米国の連邦取引委員会（Federal Trade Commission）（連邦取引委員会法［1914年］に基づき独占禁止法施行機関として設立）をモデルとして，わが国の「私的独占の禁止及び公正取引の確保に関する法律」（通称：独占禁止法または独禁法）（1947年制定）に基づき設立された。2003年４月から内閣府設置法規定に従い内閣府の外局になった。準司法的権限としては，独占禁止法違反の行為に対する「審査」「審判」「審決」を行う権限が認められており，違反に関して必要な措置（排除措置），課徴金の納付などを命ずることができることなどがある。審決に関しては，東京高等裁判所のみに取消訴訟（第一審）を提起することができる。

（注４）　対象機器ごと（エネルギーの使用の合理化等に関する法律施行令第21条［平成18年３月17日政令第44号］参照）に，経済産業大臣（自動車にあつては，経済産業大臣及び国土交通大臣）によって，当該性能の向上に関し製造事業者等の判断の基準となるべき事項が定められ，公表されている。

（注５）　蛍光灯からLEDに転換することによって，蛍光灯で発光物質として使用されていた水銀（有害物質）の使用も減量化することができる。

（注６）　G20（Group of Twenty）に参加している国は，米国，フランス，英国，ドイツ，日本，イタリア，カナダ，ロシア，ブラジル，インド，インドネシア，中国，アルゼンチン，南アフリカ，EU，豪州，韓国，メキシコ，サウジアラビア，トルコで世界の主要国と１機関が含まれている。なお，G７（先進７ヵ国財務相中央銀行総裁会議）は一時G８となったが，ロシアが2014年にクリミア半島を編入して以降脱退し，G７になっている。この集まりは世界経済の安定と成長を図るための国際会議で，同時に主要国サミットも開かれており，国際的に強い影響力を持っている。

（注７）　2016年までのグリーンボンド市場は，発行総額が約510億ドル（約６兆1,200億円）となっており，そのうちエネルギーに関するものが27.8％で，約142億ドル（約１兆7,000億円）近くにも昇っている（引用：環境省資料『世界・日本のグリーンボンド概況』（2016年10月）４頁）。

（注８）　FSBは，1999年に設立された金融安定化フォーラム（FSF，Financial Stability Forum）を発展させ2009年設立された国際的機関で，参加機関は，主要25ヵ国の中央銀行，金融監督当局，財務省や，IMF（International Monetary Fund：国際通貨基金），世界銀行（国際復興開発銀行［IBRD：International Bank for Reconstruction and Development］と国際開発協会［IDA：International Development Association］とを合わせた名称），BIS（Bank for International Settlements：国際決済銀行），OECD等である。事務局はBISが行っており，主な業務は金融システムの安定性を促進することである。

（注９）　OECDでは，2018年に「責任ある企業行動に関するOECDデューディリジェンス・ガイダンス（OECD［2018］，OECD Due Diligence Guidance for Responsible Business Conduct）」を採択しており，OECD「責任ある企業行動に関する作業部会」（Working Party on Responsible Business Conduct：WPRBC）が監修し，OECD加盟国および非加盟国ならびに企業，労働組合および市民団

体のそれぞれの代表者を含めたマルチ・ステークホルダーによる協議，合意形成プロセスを経て作成されている。また，米国では，2010年に制定されたドッド・フランク法で紛争鉱物開示規制が定められ，OECDでは「紛争地域および高リスク地域からの鉱物の責任あるサプライチェーンのためのデュー・ディリジェンス・ガイダンス（Due Diligence Guidance for Responsible Supply Chains of Minerals from Conflict-Affected and High-Risk Areas）」が2011に公表されている。EUでは，「紛争鉱物規制法（Conflict Minerals Regulation）」が2016年採択，2017年施行され，政府と企業などが連携して紛争鉱物資源を規制している。具体的な結果回避行動としては，投資・融資など経済的側面，結果回避義務・注意義務・権利濫用防止など法的な側面，開発における事前の環境アセスメントや災害発生（被害）予測など物理的側面（リスク分析）が挙げられる（参照：勝田悟『環境政策の変遷』中央経済社，2019年，55～56頁）。

（注10） リスクの定義に関しては，一般的概念式としてハザードと曝露量の積で表すことが多い。国際標準化機構および国際電気標準会議（International Electrotechnical Commission：IEC）では，1999年に発表した「安全面―規格に安全に関する面を導入するためのガイドライン」（ISO／IEC GUIDE51：1999）［"Safety aspects – Guidelines for their inclusion in standards"，Second edition］で「危害の発生確率と危害のひどさの組合せ」と表している。そして2002年に発表した「リスクマネジメント―用語集―規格において使用するための指針」（ISO／IEC GUIDE73：2002）［"Risk management – Vocabulary – Guidelines for use in standards"，First edition］」では，「事象の発生確率と事象の結果の組合せ」と表している。国際的なコンセンサスを得た定義は明確には定まっていないのが現状である。

（注11） 「大規模小売店舗における小売業の事業活動の調整に関する法律」（1973年制定，1974年施行）を廃止して新たに定めた法律で，ゴミや騒音，駐車・駐輪，交通渋滞対策など短期的な環境対策が定められたが，省エネルギー，（かなり以前から検討されていたはずであるが）モータリゼーションの進展などは評価されていない。

（注12） 米国の元副大統領アル・ゴアが，シーア・コルボーン，ダイアン・ダマノスキ，ジョン・ピーターソン・マイヤーズ，長尾力訳『奪われし未来』（翔泳社，1997年）6頁の序の部分で，「本書は，きわめて意義深い書物である。すでに地球上に蔓延してしまっている合成化学物質について，新たな問を立てよと迫っているからだ。人類の行く末を真剣に考えるなら，この問には早急に答えていかなければならないだろう。私たち一人ひとりには，知る権利と同時に，学ぶ義務もあるのだから」と述べており，当時ほとんど知られていなかった環境ホルモンの環境汚染について「知る義務」があることを述べている。

（注13） 活動内容は，「企業の社会貢献活動に関する諸テーマについての議論，企業とNPO等との対話・連携の促進，企業による社会貢献活動の動向把握と情報発信，企業・NPO等関係者への情報の提供（経団連１％クラブニュースの発行など），災害被災地への支援」となっている（経団連ホームページ１％クラブ　https://www.keidanren.or.jp/1p-club/（2020年１月）より引用）。

（注14） 微量の被曝で眼，呼吸器官を刺激し，窒息，一時失明をまねく。被曝量が大きいと，眼の角膜細胞が破壊されて永久失明や，肺細胞からの水の浸出などで窒息死をまねく極めて有害な性質がある。

（注15） 事故当時の報道では死者2,000人以上，被災者20万人以上と発表されている。その後のフランスの研究者による調査では，１万6,000人が死亡，50万人が被災したとの報告もある。

（注16） SARAは，1985年11月に米国環境保護庁（U.S.Environmental Protection Agencyにより作成された化学的緊急時の準備プログラム（Chemical Emergency Preparedness Program：CEPP）に基づいており，事故時計画策定のため特別危険物質（Extremely Hazardous Substances）として約420物質が規定されている。規定物質が限界計画量（Threshold Planning Quantity）以上施設内に存

在する場合など，事業所から行政への報告が義務づけられ，一般公衆の「知る権利（Right to Know)」が取り入れられた。この他，定められた義務には「事故時対策計画」の提出，規定物質の一定量以上の環境中放出時の報告，有害物質の性状の報告（MSDS），TRI（Toxic Release Inventory／米国におけるPollutant Release and Transfer Register）の報告が含まれている。

（注17）　国際連合のGHSにおいて，SDSでは，次に示す16項目をこの順序どおりに記載すべきことが定められている。

1．化学品および会社情報	9．物理的および化学的性質
2．危険有害性の要約	10．安定性および反応性
3．組成および成分情報	11．有害性情報
4．応急措置	12．環境影響情報
5．火災時の措置	13．廃棄上の注意
6．漏出時の措置	14．輸送上の注意
7．取扱いおよび保管上の注意	15．適用法令
8．暴露防止および保護措置	16．その他の情報

国際標準化機構のISO11014-1でも国際連合の規定と同様に，情報項目名称，番号および順序は変更してはならないこととされている。わが国では，この規格を日本語に翻訳して日本工業規格のJIS Z7250として定めた。GHSの項目と整合するように，2012年３月にJIS Z7253：2012に変更されている。

（注18）　労働安全衛生法第57条（表示等）第１項で規制されている，「労働者に健康障害を生ずるおそれのあるもの」について，同法施行令第18条に具体的な化学物質が定められている。

（注19）　労働安全衛生法第57条の３では，事業者には健康障害を生ずるおそれがある化学物質については有害性等を調査し，その結果に基づいて労働者の健康障害を防止するため必要な措置を講ずることが義務づけられている。また，同法第108条の２には，厚生労働大臣は，労働者がさらされる化学物質等または労働者の従事する作業と労働者の疾病との相関関係を把握するため必要があると認めるときは，疫学的調査その他の調査を行うことができることが定められている。

（注20）　労働基準法第75条（療養補償）では，「労働者が業務上負傷し，又は疾病にかかった場合においては，使用者は，その費用で必要な療養を行い，又は必要な療養の費用を負担しなければならない。」と定められている。

（注21）　TMI原子力発電所事故では核反応を停止させるために，冷却材喪失事故を防止する装置である緊急炉心冷却系（Emergency Core Cooling System：ECCS）が作動した（核反応を発生させる中性子を吸収する制御棒がすべて挿入された）が，作業員の運転ミスによってECCSを手動で停止したため異常な反応が発生した。原子炉冷却材喪失事故（Loss Of Coolant Accident, LOCA）といわれ，炉内構造物が一部溶解している。

（注22）　甲状腺に蓄積された放射性ヨウ素は，甲状腺の細胞を傷つけ，甲状腺ガン，甲状腺肥大および良性の腫瘍生成を起こすことが懸念されている。しかし，医学的にはまだ十分に解明されていない。この健康被害の予防として，ヨウ素剤（通常，ヨウ化カリウム［KI］：常温常圧で固体／ヨウ素欠乏による甲状腺疾患にも使用される）を摂取し，体内のヨウ素濃度を飽和状態（最大限に満たされている状態）にして甲状腺への蓄積を防止する方法が実施されている。チェルノブイリ原子力発電所の事故当時周辺に住んでいた子供に，放射性物質による甲状腺の健康障害と見られる症状が確認されている。したがって，ヨウ素131の環境汚染は，子供への注意が重要と考えられている。

（注23）　2000年10月16日には水戸労働基準監督署が株式会社JCOと東海事業所所長を労働安全衛生法違反容疑で書類送検，翌11月１日には水戸地検が所長の他，同社製造部長，計画グループ長，製造グループ職場長，計画グループ主任，製造部製造グループスペシャルクルー班副長，その他製造グ

ループ副長の6名を業務上過失致死罪，法人としての株式会社JCOと所長を原子炉等規制法違反および労働安全衛生法違反の罪でそれぞれ起訴している。2003年3月3日，水戸地裁は被告株式会社JCOに罰金刑，被告人6名に対し執行猶予つきの有罪判決が示されている。

（注24） 日本の化学関連メーカーでは，事業者団体の自主管理計画が対象とする12物質の削減を謳うことが多い。

（注25） わが国では，中央労働災害防止協会，建設業労働災害防止協会などでも複数のガイドラインが発表されている。

（注26） 2001年に国際労働機関（International Labour Organization：ILO）が発行したILO-OGH 2001に基づき，ISO（International Organization for Standardization：国際標準化機構）で労働安全衛生マネジメントシステム（国際規格）として検討が行われた。

〈資料〉

環境保全に関する主要な変遷

科学技術の発展により環境汚染・破壊が深刻となってきた19世紀終わりからの環境問題の発生と対処検討の主要な変遷を次の資料表に示す。

資料表　19世紀以降の主要な環境問題発生と対処・検討の変遷（～2019年3月現在）

年	（地域）環境汚染	広域または地球環境問題	対処の検討
1880	1880年～ ▶足尾鉱山鉱毒事件 1881年 ▶大阪アルカリ事件(a)		
1900	1912年～ ▶イタイイタイ病事件(b)		
1920	1936～1965年 ▶新潟水俣病事件(c) 1952～1960年 ▶熊本水俣病事件(d)		
1940	1950年代 ▶英国・ロンドン，スモッグ事件(e) 1958年 ▶浦安漁民騒動事件(f)		1950年▶K.W.カップ「社会的費用」を主張
1960	1960年代 ▶アスベスト汚染報告(g) 1961年頃～ ▶四日市ぜん息事件(h)	1976年▶イタリア，セベソ事件(i) 1979年▶長距離越境大気汚染条約(j)酸性雨問題	1962年▶レイチェル・カーソン『沈黙の春』 1967年▶日本，環境庁設置 1972年 ▶OECD「汚染者負担の原則」発表 ▶国連人間環境会議，国連環境計画設立 1977年 ▶エイモリー・ロビンス『ソフトエネルギーパス』発表 1979年▶WMOで気候変動に関しての検討開始
1980		1984年▶インド，ボパール汚染事件(k)	1982年 ▶ケニア・ナイロビ会議

年	（地域）環境汚染	広域または地球環境問題	対処の検討
1985		1985年 ▶オゾンホール確認(l) 1986年 ▶ライン川汚染事件(m) ▶チェルノブイリ原子力発電所事故(n)	1985年 ▶オゾン層保護のためのウィーン条約採択 1987年 ▶モントリオール議定書採択 1988年▶カナダ・トロント「変化しつつある大気圏に関する国際会議」(o)
1990			1990年 ▶IPCC第一次報告書発表 1992年▶国連環境と開発に関する会議 1993年 ▶バーゼル条約発効 ▶生物多様性条約発効 1994年▶気候変動に関する国際連合枠組条約発効
1995			
1996			1996年 ▶ISO14000s制定，認証開始 ▶シーア・コルボーンら『奪われし未来』（環境ホルモン） 1997年 ▶京都議定書採択 ▶OECD「PRTR勧告」(p)
2000			2000年▶GRIの最初のガイドライン発表(t)
2001			2001年 ▶MDGs発効（～2015年）
2002			2002年▶南アフリカ・ヨハネスブルグ会議
2003		2003年▶欧州で熱波(r)，（イラク戦争）	2003年▶カルタヘナ議定書発効(u)，RoHS指令発効(EU)
2004			
2005	2005年 ▶多数のアスベスト被害者の存在を確認(q)	2005年▶米国ハリケーン・カトリーナによる大災害	2005年▶京都議定書発効，日本政府「京都議定書目標達成計画」発表

年	（地域）環境汚染	広域または地球環境問題	対処の検討
	▶世界各地で金のマテリアルリサイクルなどに使用する水銀による汚染被害		
2006			
2007			2007年▶IPCC第4次報告書発表
2008		2008年▶日本でこれまでの最高気温更新(s)	2008～2012年 ▶京都議定書第一約束期間
2009			
2010			2010年 ▶生物多様性条約－名古屋議定書（愛知目標）採択
2011		2011年▶東日本大震災－東京電力第一原子力発電所事故（広域放射性物質汚染）	
2012			2012年 ▶国連持続可能な開発会議(v) ▶日本，新たに原子力防災会議，原子力規制委員会（事務局：原子力規制庁）設置
2013			2013～2014年 ▶IPCC第5次報告書発表
2014			
2015			
2016	2016年 ▶豊洲市場地下汚染発覚	2016年 ▶フォルクスワーゲン等NOx排気偽装事件 ▶三菱自動車等燃費偽装事件	2016年 ▶SDGs発効（～2030年） ▶気候変動に関する国連枠組み条約，パリ協定発効 ▶G20サミットでグリーンファイナンス推進確認
2017			2017年 ▶水銀に関する水俣条約発効
2018		2018年▶日本でこれまでの最高気温更新（41.1℃）	

※表の注釈

(a)　1881年（明治14年）から硫酸製造，銅製煉を行ってきた工場で，亜硫酸，硫酸ガスが排出され，周辺の農作物（稲作，麦作）に甚大な被害を発生させた（大阪アルカリ事件［大判大正5年12月22日・民録22・2474］）。亜硫酸ガス，硫酸ガスは，強い酸性の化学物質で，腐食性が極めて高いため，急性的に被害が顕在化した。本事件の大審院1916年（大正5年）民事部判決では，「化学工業に従事する会社その他の者が其の目的たる事業によりて生ずることあるべき損害を予防するがため右事業の性質に従い相当なる設備を施したる以上は隅々他人に損害を被らしめるも之を以て不法行為者としてその損害賠償の責に任ぜしむることを得ざるものとする」と示された。すなわち，公害を発生させた工場が社会的に一般的とされる公害防止設備を設けていれば許されると判断された。当時（大正５年）は，わが国は富国強兵策をとっており，政策的な価値判断から環境保全より産業活動を優先させたといえる。

(b) 富山県神通川では，上流（高原川）の岐阜県神岡町にあった三井金属鉱業株式会社神岡鉱業所（亜鉛の精製等）からカドミウムを含んだ廃水が大正から昭和20年代まで放流され，下流の水田などの土壌に蓄積した。カドミウムは食物濃縮された後人間に摂取され，公害病であるイタイイタイ病を発生させた。イタイイタイ病事件（名古屋高裁金沢支判昭和47年８月９日・判時674・25）は，鉱業法第109条に基づく，無過失責任のもとでの訴訟であったため，被告企業が排出したカドミウムが原因物質であったかどうかが中心に争われた。判決では，「およそ，公害訴訟における因果関係の存否を判断するに当たっては，企業活動に伴って発生する大気汚染，水質汚濁等による被害は空間的にも広く，時間的にも長く隔たった不特定多数の広範囲に及ぶことが多いことに鑑み，臨床医学や病理学の側面からの検討のみによっては因果関係の解明が十分達せられない場合においても，疫学を活用していわゆる疫学的因果関係が証明された場合には原因物質が証明されたものとして，法的因果関係も存在するものと解するのが相当である」と示され，疫学調査結果が因果関係の証明となり得ることが認められた。

(c) 新潟県東蒲原郡鹿瀬町（現　阿賀町）に昭和初期に昭和肥料（現　昭和電工）鹿瀬工場が進出し，アセトアルデヒド製造工程から放出された工場排水に含有されたメチル水銀化合物が阿賀野川を汚染し，魚によって食物濃縮された。そして1960年代に阿賀野川流域の魚を摂取した者に水俣病の発生が確認された。1992年現在でも跡地土壌から水銀2000㎎/lの濃度が確認されている。

新潟水俣病事件新潟地裁判決（新潟地判昭46年９月29日・下民集22-９・10別冊-１）では，汚染の予見義務として「化学企業が製造工程から生ずる廃水を一般河川等に放出して処理しようとする場合は，最高の調査技術を用い，排水中の有害物質の有無，その程度，性質等を調査し，これが結果に基づいて，いやしくもこれがため生物や同河川を利用している沿岸住民に危害を加えることのないよう万全の措置をとるべきである。」とされ，厳しい注意義務が課されている。

(d) この事件は，1958年９月頃から1960年８月頃まで日本窒素肥料（現　チッソ）株式会社水俣工場が，塩化メチル水銀を含む工場廃水を熊本県水俣川河口海域に排水させたことによって発生したものである。政府によって公害病として認定されたのは，1968年とかなり遅れている。また，チッソが倒産すると被害者に損害賠償金が支払えなくなることから，熊本県は県債を発行して援助している。熊本水俣病事件刑事事件（最判昭和63年２月29日・刑集42・２・314）では，水俣病汚染を発生させた日本窒素肥料株式会社代表取締役（当時）および同社水俣工場長に対して，業務上過失過失致死罪（刑法第211条）で有罪（禁錮３年執行猶予３年）となった。

(e) ロンドンの家庭では，石炭を使用した暖炉が広く用いられたため，石炭の成分のイオウが燃焼して生成するイオウ酸化物が，スモッグとなって環境汚染を発生させた。英国では，その対処として1956年に大気浄化法（Clean Air Act）が制定された。

(f) 東京都江戸川区の製紙工場（本州製紙工場江戸川工場）から有害物質（酢酸アンモニア）を含んだ排水が流され，江戸川水系の漁業に被害を与えたことに抗議して，1958年６月10日東京湾浦安の漁民が当該工場に押しかけた。数百人の警官隊との衝突の際に，百数十人にものぼる負傷者を出している。事前（同年４月17日）に，町，製紙工場，千葉県の三者の立ち会いで実態調査が行われ，町から製紙工場へ汚水流出の中止を申し入れ（同年４月22日），千葉県から東京都（本州製紙は東京都側の江戸川沿岸にある）へ「水質検査が終わるまで汚水流出を禁止する処置をとるよう」申し入れたが，工場は無害を主張し，流出を止めようとはしなかった（1958年６月12日東京新聞）。このため，漁民の感情が爆発したと考えられる。この事件がきっかけとなり，1958年12月25日に水質保全のための法律（「公共用水域の水質の保全に関する法律」および「工場排水等の規制に関する規制」）が公布され，わが国で最初の公害法が制定された。この法律は後に水質汚濁防止法（1970年12月25日公布）となっている。

(g)　1960年代から石綿取扱い労働者および家族に発生していたことが報告されている。米国のアスベストメーカー大手のマンビル（Manville）社が，「アスベストの有害性を何十年も前から認知しながら無視して製造を続け，労働者や消費者の健康を危険に曝したとのこと」で提訴され，製造物責任法に基づき高額の懲罰的賠償が命じられた。翌年の1982年にマンビル社は，過去および将来の賠償金の負担に耐えることができず破産の申し立てを行い倒産した。欧州では，ノルウェー，スウェーデン，フィンランド，デンマーク，スイス，イタリア，オランダ，ドイツおよびフランスがアスベストの使用を禁止している。

(h)　三重県四日市市磯津地区に三菱モンサント他６社のコンビナートが本格的操業に入った1958年から1960年頃に閉息性肺疾患が多発した公害事件である。ばい煙（イオウ酸化物含有）によるアレルギー被害（閉息性肺疾患）を及ぼした当該四日市ぜん息事件（津地四日市支判昭和47年７月24日・判時696・15）では，複数の企業から排出された汚染物質が被害の原因となった（共同不法行為）。被害の発生に関して，複数の企業がそれぞれにどのくらい寄与しているのかを決めることは難しく，判決では汚染に関連性がある企業６社に被害の責任を負わせた（共同不法行為）。判決では発生源が広く複合的なことから因果関係の証明に疫学等の統計手法が作用されていることが注目された。疫学調査は，イタイイタイ病事件判決でも採用されている。

(i)　1976年７月10日深夜にイタリア・ロンバルディアのミラノ市近くのセベソ（seveso）で農薬工場（スイスのホフマン・ラ・ロッシュの子会社イクメサ社［icmesa］，工場は隣接地のメダ［meda］に立地していた）の爆発事故により周辺に極めて有害な2,3,7,8,-TCDD（最も有害性が強いダイオキシン類）が放出される汚染事件が発生した。広範囲な居住地区（セベソ，メダ，チェサノ［cesano］，デシオ［desio］）にダイオキシン類が飛散し，家畜などの大量死や，２，３，７，８-TCDDの高濃度暴露によると考えられる人への皮膚炎などが確認された。また，高濃度の汚染を受けた地域の700名以上が長期間にわたり強制疎開させられた。

人への健康被害として，翌年集団的流産被害が発生し，その後も長期間にわたり健康被害が多発している。この他，事故で汚染された地域に住んでいた人に，血液，肝臓および骨のがんの発症率が高く，循環系，呼吸器系および消化器系の疾病，糖尿病および高血圧症での死亡率が高いことが報告されている。ダイオキシン類は水には難溶性（水に溶けにくい）であるため，近くの湖にその事故廃棄物を投棄されたが，ダイオキシン類は極めて微量でも人体に障害を発生させるため被害が拡大した。

(j)　1979年に国連欧州経済委員会（United Nations Economic Commission for Europe：UNECE）は，1979年に「長距離越境大気汚染条約」を採択し，1983年に発効している。この条約では，各国に酸性雨を防止するために，国境を越えるような大気汚染抑制政策の実施を求めている。その内容は，イオウ酸化物発生抑制技術の開発，国際協力，酸性雨のモニタリング，情報交換の推進などが定められている。その後，国連欧州経済委員会に所属する各国は，1985年にイオウ酸化物の対策を取り上げた「イオウ排出または越境移動の最低30％削減に関する1979年長距離越境大気汚染条約議定書（通称 ヘルシンキ議定書）」（21カ国署名）を採択し，1987年に発効している。ヘルシンキ議定書では，1980年のイオウの排出量を基準に，1993年までに少なくとも30％削減することを定めている。また，1988年には，「窒素酸化物排出または越境移動の抑制に関する1979年長距離越境大気汚染条約議定書（通称 ソフィア議定書）」（25カ国署名）を採択し，1991年に発効している。ソフィア議定書では，

1994年までに1987年の窒素酸化物排出量に凍結することおよび新規施設と自動車に対しては経済的に使用可能な最良の技術に基づく排出基準を定めなければならないことを規定した。

(k) 1984年12月2日（～3日）の深夜，インドのマドラブラデン州ボパール市の農薬工場（ユニオンカーバイド・インディア社）から貯槽中の極めて有害なメチルイソシアネート（CH3NCO）が漏洩し，その毒性により死者2,000人以上，被災者20万人以上を出した。その後のフランスの研究者の調査では，1万6千人が死亡，50万人が被災したとの報告もある。メチルイソシアネートは，微量の被曝で眼，呼吸器官を刺激し，窒息，一時失明をまねく。被曝量が大きいと，眼の角膜細胞が破壊されて永久失明したり，肺細胞からの水の浸出などで窒息死をまねく極めて有害な化学物質である。有害物質は，爆発によって大気中に噴出し，ボパール市全体に広がってしまった。インドでは，牛が聖なる動物として街中に悠然と歩いており，多くの動物が生息しているが，この有害物質の放出ですべて死んでしまった。

事故を発生させたユニオンカーバイド・インディア社は，以前はインドでも有数の優良企業であったが，農薬の販売不振で経営危機となり，当該工場も売却が決まっていた。その結果，安全対策，教育訓練に十分に経費をかけようとしなかったと考えられる。現在は，親会社の米国のユニオンカーバイド社もこの事件がきっかけとなって倒産している。米国では，この事件およびその数ヵ月後にウェストヴァージニア州にあるユニオンカーバイド社の工場で爆発事故が発生したことから，国内の事故による有害物質汚染防止のための立法を望む声が高まり，スーパーファンド法に追加規制の形で1986年に定められた。この規制は，「事故計画及び一般公衆の知る権利法（Emergency Planning and Community Right to Know Act；EPCRA）」と名付けられ，事故時の対処が必要とされる約420物質について工場内に存在する量および有害性等性質に関して住民が知ることができる権利，いわゆる「知る権利（right to know）」を認めている。

(l) 1985年10月には，NASAの人工衛星ニンバス7号によって南極上空に南極を覆うように円形状のオゾンホールがあることが確認されている。また，英国の南極観測施設ハレー基地のJ.C.ファーマンらによってその存在が観測されている。この観測では，南極上空のオゾン量が1970年代に比べ40％以上減少していることが確認された。最近では，北極圏上空やチベットの上空にもオゾンホールが発生することが観測されている。オゾン層が薄くなると地上に到達する紫外線の量が増加し，人だけでなく陸上の生物全体に悪影響が発生する。特にオゾンホールが発生している極地方の被害が大きい。

(m) 1986年11月1日未明に，スイス，バーゼル市（バーゼルシュタット・半カントン州）郊外シュヴァイツァーハレにあるサンド（sandoz）社化学プラントの化学薬品倉庫で火災が起こり，大量の化学物質がライン川に流出するという事故が発生した。水銀化合物，殺虫剤・除草剤など30トン弱の有毒な化学物質が川に流れ出し，約50万匹の魚が死に，西ドイツ，フランス，オランダでは水道水としての取水が一時できなくなり，水道が使用できなくなる大惨事となった。

(n) 1986年4月26日にウクライナの首都近郊のチェルノブイリ原子力発電所で発生した爆発事故では，広島型原爆の500倍の放射性汚染を引き起こした。ウクライナ，ベラルーシ，ロシアで500万人以上が被曝し，100万人以上が移住し，食品への放射性物質の混入や放射性物質の飛散など，環境バランスを大きく変化させた事件である

(o) 気候変動は，地球の寒冷化が原因であるとする説が主流だったが，この会議以降地球温暖化による気候変動説が主流となった。会議の結果を受けて，WMO（World Meteorological Organization：世界気候機関）と国連環境計画（UNEP）の指導のもとに，気候変動に関する政府間パネル（Intergovemmental Panel on Climate Change；IPCC）が設置されている。

(p) PRTRとは，'Pollutant Release and Transfer Register' のことである。

(q) 2005年2月に石綿障害予防規則が制定され社会的注目が高まった。

(r)　2003年夏期に欧州では異常な高温が続き，欧州全域に熱波（気温が上昇し持続する現象のこと）による熱中症など健康被害が発生した。欧州全体で約３万５千人が死亡したとされている。特にフランスの被害が深刻で，熱波が約２ヵ月間続き，パリでは38度を数回記録し，40℃を超えることもあった。フランス国内だけで約１万５千名が亡くなった。

(s)　地球規模でエルニーニョ現象が発生していた2007年８月16日に，岐阜県多治見市と埼玉県熊谷市で観測史上最高となる気温40.9℃が観測された。74年ぶりの最高気温の更新となった。エルニーニョ現象は，貿易風が弱くなったことで赤道付近の太平洋の海面温度が変化するもので，この時点までは５年に一度規則的に発生していたが，このあと２年連続発生した後，不規則に発生するようになってきている。エルニーニョ現象は地球規模の気象に影響を与えるため，「気候変動に関する国連枠組み条約」締約国会議の基礎資料を作成しているIPCC（Intergovernmental Panel on Climate Change：気候変動における政府間パネル）など地球環境研究組織では，気候変動について検討を進めている。

日本では，わずか約６年後の2013年８月12日に高知県四万十市江川崎地域で41.0℃を記録し，さらにその５年後の2018年７月23日に埼玉県熊谷市で41.1℃を記録し短期間に次々と最高気温を更新している。

(t)　GRI（Global Reporting Initiative）は，1997年に国連環境計画（UNEP）およびCERES（Coalition for Environmentally Responsible Economies）の呼びかけにより，持続可能な発展のための世界経済人会議（WBCSD），公認会計士勅許協会（Association of Chartered Certified Accountants：ACCA），カナダ勅許会計士協会（Canadian Institute of Chartered Acountants：CICA）などが参加して設立された。2002年４月上旬には，国際連合本部で正式に恒久機関として発足している。GRIは，企業環境レポートの国際的ガイドラインとしての「持続可能性報告のガイドライン」の作成を目標としている。当該ガイドラインは，報告組織が持続可能な社会に向けてどのように貢献しているかを明確にし，組織自身やステークホルダーにもそのことを理解しやすくすることを目的としている。最初のガイドラインは2000年６月に発行され，その後2002年11月に改定版が発表されている。報告を行う対象は，企業，政府，NGOなどを含むすべての組織となっている。

(u)　生物多様性に基づいて，遺伝子の知的財産権や遺伝子操作について規制した公式文書である。

(v)　ブラジル・リオデジャネイロで再度環境サミットである「国連持続可能な開発会議（United Nations Conference on Sustainable Development：UNCSD），リオ＋20」が開催された。20年前に同地が途上国だった1992年にも「国連環境と開発に関する会議」が開催されているが，このときはブラジルは工業新興国BRIICSの１つとなっており，国際的に経済力がかなり強くなっている。当該会議では，経済，社会および環境の３つの側面で議論が行われ，「持続可能な開発及び貧困根絶の文脈におけるグリーン経済（グリーン経済）」が主なテーマとなった。わが国やブータンなどが新たに提案したGDP（Gross Domestic Product）に変わる豊かさの指標「幸福度」は，途上国から経済成長の足かせになるとの理由から採択文書から削除された。依然，先進国と開発途上国との確執があり，自ら大きな途上国と称した中国の影響力が非常に強くなり議論は紛糾した。

参考文献

⑴　アル・ゴア，小杉隆訳『地球の掟―文明と環境のバランスを求めて』（ダイヤモンド社，1992年）
⑵　アル・ゴア，枝廣淳子訳『不都合な真実』（ランダムハウス講談社，2007年）
⑶　ウォルター・アルヴァレズ，月森左知訳『絶滅のクレーター――T・レックス最後の日』（新評論，1997年）
⑷　エルンスト・U・フォン・ワイツゼッカー，エイモリー・B・ロビンス，L・ハンター・ロビンス，佐々木建訳『ファクター4』（省エネルギーセンター，1998年）
⑸　エルンスト・U・フォン・ワイツゼッカー，宮本憲一，楠田貢典，佐々木建監訳『地球環境政策』（有斐閣，1994年）。
⑹　科学技術庁研究開発局ライフサイエンス課編「組換え実験指針」（1987年）
⑺　勝田悟「化学物質セーフティデータシート」（未来工学研究所，1992年）
⑻　勝田悟『環境情報の公開と評価―環境コミュニケーションとCSR』（中央経済社，2004年）
⑼　勝田悟『私たちの住む地球の将来を考える―生活環境とリスク』（産業能率大学出版部，2015年）
⑽　勝田悟『環境政策―経済成長・科学技術の発展と地球環境マネジネント』（中央経済社，2010年）
⑾　勝田悟『グリーンサイエンス』（法律文化社，2012年）
⑿　勝田悟『原子力の環境責任』（中央経済社，2013年）
⒀　勝田悟『環境保護制度の基礎（第３版）』（法律文化社，2015年）
⒁　勝田悟『環境責任』（中央経済社，2016年）
⒂　勝田悟『環境概論（第２版）』（中央経済社，2017年）
⒃　勝田悟『環境学の基本　第三版』（産業能率大学，2018年），
⒄　環境省，文部科学省，農林水産省，国土交通省，気象庁『気候変動の観測・予測及び影響評価統合レポート2018　～日本の気候変動とその影響～　2018年２月』（2018年）
⒅　環境省資料「水銀に関する水俣条約の概要」（2013年）
⒆　環境省資料「海洋プラスチック問題について」（2018年）
⒇　環境省（2014年８月版）『IPCC第５次評価報告書の概要―第３作業部会（気候変動の緩和）』（2014年）
(21)　環境省資料『世界・日本のグリーンボンド概況』（2016年）
(22)　環境庁，外務省監訳『アジェンダ21―持続可能な開発のための人類の行動計画（'92地球サミット採択文書）』（海外環境協力センター，1993年）
(23)　環境と開発に関する世界委員会『地球の未来を守るために Our Commom Future』（福武書店，1987年）
(24)　外務省国際連合局経済課地球環境室編『地球環境宣言集』（大蔵省印刷局，1991年）
(25)　経済産業省資源エネルギー庁長官官房総務課『2018年計政府統計 石油等消費動態統計月報 平成30年計 Total-C.Y.2018』（2019年）
(26)　K.W.カップ，篠原泰三訳『私的企業と社会的費用』（岩波書店，1959年）
(27)　K.W.カップ，柴田徳衛，鈴木正俊訳『環境破壊と社会的費用』（岩波書店，1975年）
(28)　ガレット・ハーディン，松井巻之助訳『地球に生きる倫理―宇宙船ビーグル号の旅から』（佑学社，1975年）

(29) ガレット・ハーディン，竹内靖雄訳『サバイバル・ストラテジー』（思索社，1983年）
(30) ガブリエル・ウォーカー，川上紳一監修，渡会圭子訳『スノーボール・アース』（早川書房，2004年）
(31) 気候変動に関する政府間パネル（IPCC），気象庁訳（2015年1月20日版）「気候変動2013：自然科学的根拠 第5次評価報告書 第1作業部会報告書 政策決定者向け要約」（2013年）
(32) 気候変動に関する政府間パネル（IPCC），環境省訳（2014年10月31日版）「気候変動2014：影響，適応及び脆弱性 第5次評価報告書 第2作業部会報告書 政策決定者向け要約」（2014年）
(33) 岸上伸啓編著『捕鯨の文化人類学』（成山堂書店，2012年）
(34) 国際連合「我々の世界を変革する：持続可能な開発のための2030アジェンダ　国連文書A/70/L.1」（2015年）
(35) 国際自然保護連合，国連環境計画，世界自然保護基金 世界自然保護基金日本委員会訳『かけがえのない地球を大切に―新・世界環境保全戦略』（小学館，1992年）
(36) 国際連合広報センター「リオ＋20 国連持続可能な開発会議：私たちが望む未来（The Future We Want）」（2012年）
(37) 国連開発計画『人間開発』（2003年）
(38) 国立科学博物館『日本の鉱山文化』（科学博物館後援会，1996年）
(39) 水産庁「水産資源の希少性評価結果」（2017年）
(40) 佐々木稔編著，赤沼英男，神崎勝，五十川伸矢，古瀬清秀『鉄と銅の生産の歴史（増補改訂版）』（雄山閣，2009年）
(41) シーア・コルボーン，ダイアン・ダマノスキ，ジョン・ピーターソン・マイヤース，長尾力訳『奪われし未来』（翔泳社，1997年）
(42) ステファン・シュミットハイニー，フェデリコ・J・L・ゾラキン，世界環境経済人協議会（WBCSD），天野明弘，加藤秀樹監修，環境と金融に関する研究会訳『金融市場と地球環境―持続可能な発展のためのファイナンス革命』（ダイヤモンド社，1997年）
(43) ステファン・シュミットハイニー，持続可能な開発のための経済人会議（BCSD），BCSD日本ワーキンググループ訳『チェンジング・コース』（ダイヤモンド社，1992年）
(44) F.シュミット・ブレーク，佐々木建訳『ファクター10』（シュプリンガー・フェアラーク東京，1997年）
(45) 手代木琢磨，勝田悟『文科系学生のための科学と技術「光と影」』（中央経済社，2004年）
(46) ドネラ・H・メドウズ，デニス・L・メドウズ，ヨルゲン・ランダース，ウィリアム・W・ベアレンズ3世『成長の限界―ローマ・クラブ「人類の危機」レポート』（ダイヤモンド社，1972年）
(47) ドネラ・H・メドウズ，デニス・L・メドウズ，ヨルゲン・ランダース，松橋隆治，村井昌子訳，茅陽一監訳『限界を超えて―生きるための選択』（ダイヤモンド社，1992年）
(48) ドネラ・H・メドウズ，デニス・L・メドウズ，ヨルゲン・ランダース，枝廣淳子訳『成長の限界　人類の選択』（ダイヤモンド社，2005年）
(49) R.バックミンスター・フラー，芹沢高志訳『宇宙船地球号 操縦マニュアル』（筑摩書房，2000年）
(50) 新居浜市『未来への鉱脈―別子銅山と近代化遺産（第4版）』（2012年）

(51) 日本総務省統計局「世界の統計 2018」(2018年)
(52) レイチェル・カーソン，青樹簗一訳『沈黙の春』(新潮社，1962年)
(53) 勝田悟「化学物質に関する環境情報の調査義務」矢崎幸生編集代表『現代先端法学の展開〔田島裕教授記念〕』(信山社，2001年) 99-126頁。
(54) 和鋼博物館『和鋼博物館 改訂版』(2007年)
(55) OECD編，環境省総合環境政策局環境計画課企画調査室監訳『OECDレポート 日本の環境政策』(中央法規出版，2011年)
(56) Gesetz uber die Einspeisung von Strom aus erneuerbaren Energien in das offentliche Netz (Stromeinsp eisungsgesetz) vom 7. Dezember 1990 (BGBl. I S.2633).
(57) Gesetz fur den Vorrang Erneuerbarer Energien (Erneuerbare-Energien-Gesetz - EEG) vom 29. Marz 2000 (BGBl.I S.305)
(58) UNEP "Radiation Dose Effects Risks (1985)" 日本語訳；吉澤康雄，草間朋子「放射線，その線量，影響，リスク」(同文書院，1988年)
(59) UNEP "Technical Background Report to the Global Atmospheric Mercury Assessment" (2008)
(60) UNDP『人間開発報告書 (Human Development Report：HDR)』(1990年)
(61) UNDP『人間開発報告書 2013　南の台頭―多様な世界における人間開発』(2013年)
(62) Michael E. Potter and Mark R. Kramer, "Creating Shared Value" HBR January-February 2011.
(63) ガレット・ハーディン「共有地の悲劇」サイエンス誌，162巻，3859号 (1968年12月13日号)，1243頁～1248頁。

【参考インターネットURL】

(1) WMO 〈https://public.wmo.int/en/〉
(2) 国連広報 〈http://www.unic.or.jp/〉
(3) The U.S. Securities and Exchange Commission 〈https://www.sec.gov/〉
(4) OECD 〈https://www.oecd.org/〉
(5) ナショナル ジオグラフィック 〈https://natgeo.nikkeibp.co.jp/〉
(6) 外務省 〈http://www.mofa.go.jp/〉
(7) 国土交通省気象庁「各種データ・資料」〈http://www.data.jma.go.jp/obd/stats/〉
(8) 環境省 〈http://www.env.go.jp/policy/hakusyo/s58/index.html/〉
(9) 農林水産省 〈http://www.maff.go.jp/〉
(10) 経済産業省資源エネルギー庁 〈http://www.enecho.meti.go.jp/〉
(11) 総務省 〈http://www.soumu.go.jp/〉
(12) 林野庁 〈http://www.rinya.maff.go.jp/〉
(13) 国立研究開発法人農業生物資源研究所 遺伝子組換え研究センター　遺伝子組換え研究推進室 〈http://www.naro.affrc.go.jp/archive/nias/gmogmo/information/law.html/〉
(14) 公益財団法人 日本容器包装リサイクル協会 〈https://www.jcpra.or.jp/〉
(15) キチン・キトサン学会 〈http://jscc.kenkyuukai.jp/〉
(16) 生物多様性センター 〈http://www.biodic.go.jp/〉

おわりに

空間の特性が変化すると生物はすべて死に絶える可能性がある。気体が液体，液体が固体，固体が液体，液体が気体に変化する世界は状態が変わってしまう。さらに，原子または量子が変化すると空間が全く変わる。宇宙を加速膨張させているエネルギーと考えられているダークエネルギーがちょっと方向を変えるだけで，宇宙全体に新たに何らかの物理現象を起こすのだろう。私たちが住んでいる宇宙は，ビックバンの際に，何もない世界から発生したと考えられている。地球上では真空状態（無の状態）は，その境界に空気，水の圧力によって非常に強い力を生み出すことができ，大きなエネルギーを発生させる。すなわち，「無」と現世界とは，何らかのものまたは量子，あるいはダークマター，ダークエネルギーが作用しているとも考えられる。

そして，時間がなければ何も変わらない。いわゆる３次元の空間に時間による変化が加わった時空の概念が重要となる。持続的な時間と空間は，相対性理論では４次元ということとなる。しかし，時間がなくなれば，完全に静止状態であり，空間のみということとなるが，変化がない限り，何もないことと同じこととなる。宇宙の状態はまだ不確かなことばかりである。

環境を考えることは，時間と空間の変化を見つめていくことにほかならない。生物自体，化学物質，原子，量子で構成されており，目に見える世界も同じである。その形が少し変わるだけで（何をもって少しといえるかはわからないが），これまでの物質間の作用が変化してしまう。原子，分子レベルで考えれば化学変化が起き，環境（時間，空間）へ何らかの影響を与えることになる。これまでの解明されている化学および物理法則を用い新たな技術開発を行い，人類が利用していくときは解明できる範囲で事前に影響を確認することが必要である。しかし，解明できる範囲は限られているといってよい。一方，自然科学とは異なった，人間が作り出した社会科学的または人文科学的影響も加わり，不確実性が高いまたは全く無意味（または利己的）な圧力によって，見えなくされることもある。

これまでの公害では裁判といった社会システムの中で少しずつ真実が見えてきているが，歪んだ社会科学の存在が障害となっていることも明確になってきている。環境政策は，自然科学，社会科学，人文科学といった境界を持たず，新たな環境変化が人，生物，生態系に与える影響を時間的空間的に把握し，持続可能性を維持していくことを考えていかなければならない。宇宙ではごく微少な地球環境の持続可能性も，現在の人類は維持していくことさえできない。化学的，物理的変化を特定方向へ向かわせ，人類が破滅しても宇宙の法則の中では，時空の一現象でしかない。

数十億年の変化から見ると，現在が単なる幻想のような状況となる。逆に短時間の変化から見ると極めて大きな変化ということもできる。しかし，元に戻らなくともこの時間が存在したことは何があってもなくならない。人は，生きている限り感情を持ち，知的好奇心を持ち続ける（死後の世界はまったくわからないが）。少なくとも被害（苦しめられるなど害を与えられること）は，回避したいと考えるのが当然であろう。現在破滅に向かっている変化を最小限にするのが環境政策であり，自然科学でもあり，社会科学でもあり，人文科学でもある。

時間を戻すことができれば，環境破壊は防止することができる可能性はあるが，そもそも将来を変えることは，他の問題を発生させるおそれもある。現状では，現在できる対策をわかっている範囲の科学で対処していくことしかできない。しかし，環境政策は，右往左往しているように見えるが幾多の変遷を経て発展している。環境を考えることは，人類のすべての活動に役立つだろう。

ただし，持続可能な発展には，厳しい選択が求められる。環境汚染，環境破壊に関する悲惨な結果を回避するための対策の遅れは，人類のコンセンサスが得られなかったことによる。これまでの失敗は，短期的な利益を優先してきたためである。短期間，中期，長期間の長さは明確に定義することはできない。宇宙に一瞬しか存在していない人類が「自然を支配」することはできない。環境政策の方策を示すには，さまざまな学術分野の壁を越えて自然と人の接点を踏まえて，人類の進むべき方向を策定していかなければならない。

2020年２月

勝田 悟

索　引

【欧文】

GHS……141
GRI……107
HCFC類……56
HFC類……56
IMDS……44
ISO14000シリーズ……107
LCC……38
LCM……38
LOHAS……110
MDGs……52
NEDO……72
NEPA……81
NIMBY……27
PRTR……106
RDF……25
RPF……14
RPS……74
SR……94
SRI……100
TCFD……121
WBCSD……101

【あ】

愛知目標……79
アドレー・スティーブンソン……49
イーター……73
１％クラブ……137
遺伝資源の利用から生ずる利益の公正かつ衡平な配分……79
インバース・マニュファクチャリング……18
エイモリー・B・ロビンス……68
エシカル……110
オゾン層の保護のためのウィーン条約……48
オゾン層を破壊する物質に関するモントリオール議定書……48

【か】

カーボンナノチューブ……10
核廃棄物……20
カスケードリサイクル……12
環境と開発に関するリオ宣言……62
京都メカニズム……60
金融安定理事会……121
グリーン経済……52
グリーンケミストリー活動……96
国際標準化機構……37
国連気候変動に関する枠組み条約……48
国連持続可能な開発会議……51
国連人間環境会議……50

【さ】

サプライチェーンマネジメント……38
シェアリング・エコノミー……6
循環経済廃棄物法……33
使用済小型電子機器等の再資源化の促進に関する法律……32
水平リサイクル……12
スチュワードシップコード……93
生物の多様性に関する条約……78
生分解性プラスチック……82
世界環境戦略……50
ゼロエミッション……28

【た】

談合……92
チェンジング・コース……102
地球温暖化対策のための税……63
地球船宇宙号……49
チューリップバブル……89
鳥獣の保護及び管理並びに狩猟の適正化に関する法律……79
電気事業者による再生可能エネルギー電気の調達に関する特別措置法……15, 74
都市鉱山……32
トップランナー方式……115

【な】

ナノテクノロジー……10
南海バブル……92
二次電池……21

【は】

廃棄物の処理及び清掃に関する法律……22
バックミンスター・フラー……49
ハロン類……56
ファクター4……98
フィードインタリフ……74
福島第一原子力発電所事故……19
ブルントラント報告……51
フロン類……56

【ま】

マイクロプラスチック……4
民間資金等の活用による公共施設等の整備等の促進に関する法律……26

【や】

溶融処理技術……24
揚水発電……20

【著者紹介】

勝田　悟（かつだ　さとる）

1960年石川県金沢市生まれ。東海大学教養学部人間環境学科・大学院人間環境学研究科 教授。工学士（新潟大学）［分析化学］，法修士（筑波大学大学院）［環境法］。
＜職歴＞政府系および都市銀行シンクタンク研究所（研究員，副主任研究員，主任研究員，フェロー），産能大学（現 産業能率大学）経営学部（助教授）を経て，現職。
＜専門分野＞環境法政策，環境技術政策，環境経営戦略。
社会的活動は，中央・地方行政機関，電線総合技術センター，日本電機工業会，日本放送協会，日本工業規格協会他複数の公益団体・企業，民間企業の環境保全関連検討の委員長，副委員長，委員，アドバイザー，監事，評議員などをつとめる。

【主な著書】

［単著］

『環境政策の変遷』（中央経済社，2019年），『ESGの視点―環境，社会，ガバナンスとリスク』（中央経済社，2018年），『環境学の基本（第３版）』（産業能率大学，2018年），『CSR　환경 책임（CSR環境責任）』（Parkyoung Publishing Company，2018），『環境概論（第２版）』（中央経済社，2017年［第１版2006年］），『環境責任―CSRの取り組みと視点』（中央経済社，2016年），『私たちの住む地球の将来を考える―生活環境とリスク』（産業能率大学出版部，2015年），『環境保護制度の基礎（第３版）』（法律文化社，2015年），『環境学の基本（第２版）』（産業能率大学，2013年），『原子力の環境責任』（中央経済社，2013年），『グリーンサイエンス』（法律文化社，2012年），『環境学の基本』（産業能率大学，2008年），『地球の将来―環境破壊と気候変動の驚異』（学陽書房，2008年），『環境戦略』（中央経済社，2007年），『早わかり　アスベスト』（中央経済社，2005年），『知っているようで本当は知らないシンクタンクとコンサルタントの仕事』（中央経済社，2005年），『環境保護制度の基礎』（法律文化社，2004年），『環境情報の公開と評価―環境コミュニケーションとCSR』（中央経済社，2004年），『持続可能な事業にするための環境ビジネス学』（中央経済社，2003年），『環境論』（産能大学；現　産業能率大学，2001年），『汚染防止のための―化学物質セーフティデータシート』（未来工研，1992年）など

［共著］

企業法学会編『企業責任と法―企業の社会的責任と法の役割・在り方』（文眞堂，2015年），『文科系学生のための科学と技術「光と影」』（中央経済社，2004年），『現代先端法学の展開〔田島裕教授記念〕』（信山社，2001年），『薬剤師が行う―医療廃棄物の適正処理』（薬業時報社；現　じほう，1997年），『石綿代替品開発動向調査〔環境庁大気保全局監修〕』（未来工研，1990年）など

環境政策の変貌――地球環境の変化と持続可能な開発目標

2020年４月15日　第１版第１刷発行

著　者　勝　田　　悟
発行者　山　本　　継
発行所　㈱　中　央　経　済　社
発売元　㈱中央経済グループパブリッシング

〒101-0051　東京都千代田区神田神保町1-31-2
電話　03（3293）3371（編集代表）
　　　03（3293）3381（営業代表）
http://www.chuokeizai.co.jp/
印刷／㈱　堀　内　印　刷　所
製本／㈲　井　上　製　本　所

ISBN978-4-502-32121-4　C3034